ブランド幻想

ファッション業界、光と闇のあいだから

Alyssa Hardy

アリッサ・ハーディ

相山夏奏=訳

南出和余=解題

明石書店

ファッションに関わるすべての労働者に。
そしてすべての女性の声に耳が傾けられるべきだと教えてくれた母に。

ブランド幻想——ファッション業界、光と闇のあいだから　目次

イントロダクション

この本を手にとった誰もが、よもや自分がこれからラブストーリーを読むことになるとは思っていないだろう。だが、これは愛についての物語（ラブストーリー）だ。これからファッション業界がいかに謎と問題に満ちた場所であり、その繁栄が過酷な労働とマーケティングの上に成り立っているかを話そうと思う。そしてそこで長らく続く数々の悪しき慣習について、業界で働くわたしたち自身もその一端を担っていることも。残念ながら、それらはすべて真実だ。だがその一方、ファッションが人と人を結びつける接着剤のような役割を果たしていることも真実だ。夜、友達とクラブやバーに繰り出すとき、お気に入りのジーンズをはけば自信がみなぎる。通りがかりの見知らぬ人から「そのトップス、いいね」と声をかけられれば、心がふわりと温かくなる。亡くなったおばあちゃんのネックレスを宝石箱から取り出すときには、切なさにみぞおちが震える。わたしたちが伝統を尊び、過去に思いを馳せる瞬間だ。ファッションはまさしく愛の行為で、大人になってからのわたしの人生を形作ってきた。

まずは誰もが知る、ごく身近な話題からはじめよう。今日、この地球上に生きている誰もが無関係ではいられなかったＣＯＶＩＤ－19のパンデミックだ。パンデミックが世界中の主要な都市を襲った直後の数週間、自宅に閉じこもる余裕がある幸運な人々は、わざとテレビが映し出す悲劇的な光景から目をそらし、ＳＮＳから流れてくるファッションに関する情報を見つめていた。わたしだけではなく、ファッションにたずさわる人間は皆、同じような状況だったと思う。それからしばらくの間、在宅勤務になった人々は、仕事用のパンツからスウェットパンツへの切り替えを喜び、汚れたパジャマや陽の目を見ることがなくなったタイトなデニムについて冗談を言い合った。わたしたちを取り巻く世界がクラッシュする直前に外したジュエリーは、そのままそこに置きっぱなしで、ハイヒールはクローゼットの奥にしまい込まれ、代わりにＵＧＧのブーツやビルケンシュトックのサンダルが重宝された。皆、それまで仕事着としてふさわしいとされてきた服を手放し、着心地を優先した新しいファッションノーマルを喜んで受け入れた。

消費についても多くの話が飛び交った。パンデミックの前、わたしたちは服を持ちすぎていて、それが環境に悪影響をもたらすというのはほとんどの人が理解していたと思う。実際、世界の先行きが不透明な時代に、クローゼットの中で流行遅れになっていく服が、突然ばかばかしく思え、何を買い、何を着るのか、これまでの自分の選択についての考えを改めようと思った人は少なくなかったはずだ。だが、「必要（ニード）」と「欲求（ウォント）」の闘いは、結局、わたしたちの買い物習慣を一時的に抑制したにすぎなかった。二〇二〇年の夏の終わりには、スウェットパンツやルームウェアの売り上げがこれまでの六倍になり、ブーフー（boohoo）やファッションノヴァ（Fashion Nova）といったファストファッション・ブランドのなかには、史上最高益を達成した企業もあった。家でのんびりと過ごす週末や、仕事から帰って一人、家でくつろぐ夜のために引き出しにいれていた服が、毎日、日中に身につけるものになると、新たなニーズが生まれた。スウェットのセットアップ、カラフルなスリッパ、ナップドレス（リラックスするとき用の軽いコットンドレス）などが、おすすめとしてSNSのショッピングサイトに表示され、わたしたちは皆、それらを買い求めた。

一日中スウェットパンツを穿いて、家で仕事をするという特権に恵まれなかった人たちも、ファッション界の変化に貢献した。同年の四月にマスクの着用が義務になると、夏服に合う花柄、ランニング用のスポーティなもの、シャネルのダブルCのプリントのようなロゴの入った高級品など、さまざまなタイプのマスクが出回った。例えば、郵便局の倉庫で働いていたわたしの父は、毎日、USPSのマークがついたマスクをつけていた。

これら一連の出来事は、誰の心にも深く刻みつけられているはずだ。なぜなら、その年、パンデミックに加えて、わたしたちは何を身につけるかを巡って、もう一つの共通体験をしたからだ。ファッションとスタイルは、その時期、誰もが皆、参加できるあたりさわりのない話題だった。何をどう着ればいいのかわからないと冗談を言いあったり、マスクのつけ方のアイデアを交換したり、それぞれに問題や先々の不安を抱えながらも、ファッションは共にたぐりよせることのできる一本の糸だった。

だが、誰も望まぬスタイルの進化についての話は、すぐにブランドが発表した新しいルームウェアのコレクション、そしてインフルエンサーがインスタグラムに投稿するストーリーなどと一緒に、特集記事にひとまとめにされ、大事なことが置き去りにされた。実はワードローブの急激な変化の背後で、大きな問題が起こっていた。縫製工場では、これまでの流れが一転し、マスクやスウェットパンツを生産することになったため、賃金の支払いに大きな影響が及んだ。とくにファストファッションでは、多くのブランドがメーカーに発注していたコレクションをすべて、突然キャンセルし、生産中の仕事はもちろん、すでに完成した仕事についても、賃金が支払われなくなる事態が相次いだ。また一部の工場は、病院用ガウンやマスク（それらは絶望的な品不足の状態にあった）といったＰＰＥ（個人用防護具）にすばやく生産を切り替え、ヒーローと讃えられたが、それらを縫う労働者たちには、身を守るためのマスク一枚さえ供給されることはなかった。結果、労働者の多くがウイルスに感染し、命を落とした。

いわくつきの経営者、ダヴ・チャーニー――彼については、後の章で詳しく述べる――が率いるアメリカンアパレル（American Apparel）のロサンゼルス工場では、六月に三〇〇人の従業員がコロナの陽性となり、その後の数週間で三人が死亡した。結局、工場は保健省の査察を受け、速やかに閉鎖されたが、プレスリリースで「感染症監視条例の悪質な違反があり、ＣＯＶＩＤ－19の集団発生に関して、公衆衛生学博士による調査に非協力的であった」ため処分したとの発表がなされた。また、別の例では、マスクの生産は一枚五セントの出来高払いとされ、労働者たちは一日中働いても週に一八〇ドル程度しか稼げない工場もあったことが伝えられている。特筆すべきは、こういった縫製工場で働く労働者の八〇％が女性であるという事実だ。同じ時期、アメリカ同様、あるいはアメリカよりさらに低い賃金でマスクやスウェットパンツを生産していた縫製労働者が、世界各地で危機的な状況に陥っていた。ミャンマーでは、ZARAがスペインの患者や医療従事者に寄付したPPEのほとんどを作った労働者が、軍部のクーデターに抵抗する民衆の最前線にいた。女性リーダー率いる組合のメンバーはデモに参加するため職場を離れたが、その後、ブランドに対して雇用の継続を懇願するはめになった。またインドでは、縫製業はもっとも重要な雇用機会の一つであり、パンデミックの間も経済的な理由から働き続けた労働者の多くがウイルスに感染して命を落とした。

こういう話をすると、政府やブランドに大きな落ち度があったように聞こえるかもしれない。だが、労働者にとっては、それは今にはじまったことではない。ましてこのパンデミックのなかで、多くの労働者はいたわりや尊敬を持って扱われることを期待していなかった。けれど、とにかく出勤して、仕事をした。今から考えれば、パンデミックの数カ月の間に、わたしが書いたマスク関連の記事や啓発記事の一つ一つに但し書きを付け加えておけばよかったと思う――ここで作られたマスクはあなたを守るかもしれません。けれど、それを作った人の命を守るものではありません、と。

わたしには、パンデミックにおけるファッションの有り様が、これまでわたしたちがファッションをどのように見てきたかを象徴しているように思われた。それは大量に消費されるものであり、わたしたちをいい気分にして、輝かせる。だが、ファッションが人々に与える負の影響については語られず、なかったことにされてきた。自分を守ってくれるものが、誰かを傷つけているかもしれないと思っても、皆、わざと見て見ぬふりをしている。

その考えが頭をよぎったのは、二〇二一年の春、アメリカでマスクの義務化が解除されはじめた頃だった。ある晴れた日の午後、わたしは水を買おうとボデガに入った。上院議員のカーステン・ギリブランドと一緒にマンハッタンのミッドタウンにある縫製工場を訪問する途中のことだ。その日は予想以上に暖かく、わたしはTシャツの上にブレザーをはおり、ジーンズにこの一四カ月間クローゼットの中で置き去りにされていたヒールブーツというでたちだった（上院議員に会うときには、ブレザーを着るべきよね？）。ボデガのオーナーはまだ、客から自分を守るために、レジのまわりにプラスチックのバリアを張りめぐらしていた。その上には、さまざまな種類のマスクがテープでとめつけられている。「KN95」「I Love NY」のロゴが入った布製のもの、ヒョウ柄、迷彩、どれも五ドル前後の値段だ。その光景にわたしははっと胸を突かれ、マスクが品薄だった遠い昔を思い出した。今やボデガから観葉植物の店まで、どこにいってもマスクは売られている。避けて通るほうがむずかしい。

通りの静けさにもはや驚きもなく、わたしはアップタウンの三九番街へ向かった。タイムズスクエアの近くまできても、ニューヨークの街は以前の賑わいを取り戻してはいない。ガーメントディストリクトも……もちろん大打撃を受けていた。だが、そのなかで唯一活気のある場所がある。そしてそこがわたしの目指す場所だった。エレベーターを降りると、ブレザーやジャンプスーツのかかったラックが並ぶ狭いオフィスに、何十台ものミシンの音が響いていた。

ミシンの前にヘッドホンをつけた女性たちが座り、布を裁断したり、ヘッドピースに飾りを取りつけたりしながら、もはや日常生活の必需品となったマスクをネタに政治談議を繰り広げている。この工場は、わたしがその一年、取材してきた他の工場とは違っていた。ここで働く人々は皆、組合に加入しており、食べていくのに十分な賃金を受け取って、誰のためにマスクや衣服を作っているのかを知っている。インタビューをした労働者のなかには、毎日出勤するのは怖かったけれど、マスクを作って人々を守るのだという使命感で仕事をしていたと正直に話してくれた人もいた。

「怖くてたまらなかった」チェン・リーは言った。「母は仕事に行くなと言うし、わたしもできれば行きたくなかった。マスクを作りに出勤するときには、ビニールのレインコートを着ていたわ」。取材をしたときには、工場はマスク作りを終了し、彼女たちはラルフローレンがデザインした、オリンピックのユニフォームのサンプル作りに取りかかっていた。何カ月も簡単なマスクを作ってきたあとだから、サンプル作りがすごくむずかしく感じる、チェンはそう言って笑った。そしてわたしがユニフォームを手にとり、胸ポケットの絶妙な位置に配置されたアメリカ国旗のエンブレムにふれたとたん、彼女の笑みが一段と大きくなった。「ほらね！」得意そうに声をはり上げる。「それを作るには、もっと頭を使わなくちゃならない。でもマスク作りも、ユニフォーム作りも、どちらもわたしの自慢の仕事よ」

事務所を出たわたしは、二〇二〇年当時、恐怖のなかにいた自分が、チェン・リーのような人々の熟練した、だが過小評価されてきた仕事によって、どれほど救われたかを考えた。エッセンシャルワーカーを称賛するとき、誰もミシンの後ろに座っている人については語らない。ファッション業界の労働者は、これまでも本来よりずっと低く見積もられてきた。けれど、彼らこそがこの業界の鼓動の源だったのだ。ランウェイのストロボ、神々しいほど美しいモデル、目の飛び出るような値段の服など、わたしがこれまで、それこそがファッションのすべてだと思っていた部分ではなく。

わたしの場合、崇拝者から批評家への転身は徐々に起こった。若かりし頃の憧れの上にさまざまな経験が重なり、この業界への懐疑的な見方へとつながった。

高校三年生になったばかりの秋、わたしはインフルエンザにかかった。いきなり高熱でぐったりと動けなくなり、氷しか受けつけなくなったものの、三日もすると、今度は猛烈な食欲に襲われるという症状のなか、その週の間ずっと、わたしは毎日、家のソファに寝そべって、ファッションTVというケーブルテレビを見ていた。チャンネルでは、ビフォー・アフターの変身企画やテレビショッピングのコーナーと共に、夜中にはノーカットでファッションショーの様子を放送していた。ある夜、わたしが熱のせいで汗まみれになって目を覚ますと、つけっぱなしのテレビに、ヴァレンティノの二〇〇六年春夏のコレクションが映し出されていた。頭に巻いたヘッドバンドとおそろいの真っ赤な口紅を塗ったモデルたちが、細い体にレースやシルクをまとい、白いランウェイを流れるように歩いていく。熱でまだ頭がぼうっとするなか、わたしの目はその画面にくぎ付けになった。

宇宙人みたいな体形のモデルたちが、折れそうに細いハイヒールを履いて、優雅にバランスを保つ姿を見ると、背筋に衝撃が走り、全身がざわめきに包まれた。ハイヒールは脚と完全に一体化している、それを見たときの驚きは忘れられない。わたしはショーの写真をプリントアウトしてロッカーの扉の裏に貼りつけ、何か嫌なことがあったり、時間があるときはいつでも眺めて、うっとりとその世界に浸った。

当時、わたしは地元のショッピングモールにあるアバクロンビー・キッズでアルバイトをしていた。ファッション業界でのはじめての仕事だったが、少しも楽しくはなかった。休憩時間にはキオスクの店頭で、くせ毛にもってこいのストレートパーマがあると叫ぶ男の呼び込みをかわし、アンティアンズから漂ってくるプレッツェルとシナモンの強烈な匂いを嗅ぎながら、窓のない建物の中をぐるぐると何周も歩き回った。それでも二〇〇五年、ニューヨーク州北部のショッピングモールでのアルバイトが、あの夜、テレビで見た世界へとわたしを誘う入り口になったのは確かだ。

高校を卒業すると、わたしはニューヨークで唯一、奨学金を獲得できた学校に進学した。今から思えば最高の選択ではなかったけれど、どの学校に行くかは問題ではなかった。重要なのはマンハッタンに行くことだ。一八歳の誕生日、まだ一人も友達ができなかったわたしは、アーバンアウトフィッターズ（Urban Outfitters）でのアルバイトを終えたあと、タバコを吸いながら、ぼんやりと二番街を行きかう人々を眺めていた。そしてふと、その日がファッションウィークであることを思い出した（当時はまだ「最前列に座っているの」とブログを書いて、その日がファッションウィークだと思い出させてくれるインフルエンサーはいなかった）。二番街からブライアントパークまでは歩いて一〇分ほどだ。わたしは（はじめて合法的に）パーラメントライトを一箱買い、五七丁目へ向かって歩きはじめた。今日のような一大イベントになる前、ファッションウィークはブライアントパークの〈ザ・テント〉、その名の通り、公園の真ん中に設置された、いくつかの巨大なテントの中で行われていた。あたりをうろうろしていると、バックステージにいるモデルが見える距離まで近づくことができたが、いつも雑誌で見ているモデルをはじめて至近距離で見て、わたしは思わず笑った。彼女たちの華やかなオーラは、照明とメイクが作り出す幻だとわかったからだ。バックステージにいるモデルたちは皆、わたしと大して変わらないティーンエイジャーの集まりだった。

　六年後、いくつかの小売の仕事とブログを書くという修行を経て、わたしははじめて、記者としての仕事を手に入れた。クレイグズリストの求人広告で見つけ、今はもう閉鎖されたウェブサイトのために、ファッションウィークのバックステージを取材して、ヘアスタイルに関する記事を書くという仕事だ。ショーの当日、わたしは自分の名前が本当にリストに載っていること、そしてその仕事の話が詐欺ではないことを祈りつつ、リンカーンセンターのバックステージへ向かった。ヘッドセットをつけた女性が、わたしの姿を見て、ヘアメイクのエリアに案内してくれた。他の記者たちを見つけ、彼らの近くで、どうにか話の輪に加わろうと聞き耳を立てる。でも彼らの話題はショーのことではなく、その場にどれだけうんざりしているかということだった。「早く終わればいいのに」。そんな声も聞こえた。

　ふとまわりを見ると、疲れた顔のメイクアップ・アーティストたちにラメのついたブラシで顔をつかれながら、モデルたちが無表情でスマホの画面を見つめていた。なかには、舞台裏の強烈な照明の中で、髪をジェルでかため、派手なメイクのまま、小さな子どものように部屋の隅にしゃがみこんでいるモデルもいる。黒ずくめの服の女性が、同じく黒ずくめのいでたちで、寝不足で目の下にくまをつくった女性をどなりつけている。「モデル、五分で舞台袖へ！」誰かの叫び声で、ヘアスタイリストが最後の仕上げに駆け出していく。その緊迫感と真剣さは、もはやこっけいにも思えるほどだ。カメラマンたちもハチの巣をつついたような騒ぎでモデルに群がり、クライアントのウェブサイト、新聞や雑誌の一面を飾るバックステージのベストショットをものにしようと必死だ。さっきまで退屈そうだったモデルたちも、カメラを向けられたとたん、さすがの決めポーズで応じていた。

そこで会った記者の一人は、口には出さなかったものの、わたしが駆け出しだと察したのだろう。取材が終わったあと、席を確保して、一緒にショーを見ないかと声をかけてきた。そんなことができるなんて、当時のわたしには考えもつかなかった。彼女はわたしの先に立ち、ついてくるよう手振りで示した。真っ赤な口紅とシックな金髪のボブの女性は自信に満ちあふれている。一方、わたしはといえば、二週間前から着ていこうと決めていたリサイクルショップで買ったデニムのワンピースとフォーエバー21（Forever 21）のブーツだ。自分がひどく安っぽく、小さく思えた。ランウェイ後方のカーテンを開け、席が埋まっていくのを眺めていると、プロデューサーから、授業中にメモを回した生徒をどなりつける教師さながらの迫力満点の声で「座りなさい」と言われた。

運よく手に入れた最前列に座り、顔を上げると、目の前に濃いサングラスをかけ、女王のごとく君臨するアナ・ウィンターがいた。後ろや隣に、お気に入りのファッションエディターを従えている。さらにそのまわりを取り巻くのはセレブの面々だ。セレブたちはその場の雰囲気に臆することもなく、こっちを向いてと呼びかけるカメラマンに向かって、おどけたポーズで笑顔を振りまいていた。彼女たちが着ているのは、お金があり余っている人以外は買わない、ブランドから提供された奇抜なドレスだ。翌日、タブロイド紙に掲載される写真ではどう見えるか知らないけれど、ひどく着心地が悪そうだった。突然、照明が落とされ、音楽が鳴ると、一番手のモデルがキャットウォークに登場した。バックステージでは、ひどく幼くあどけなく見えた彼女が、ランウェイの上で無数のカメラのフラッシュを浴びて圧倒的な存在感を放っていた。もはや隅っこの少女はいない。彼女が着ることで命を吹き込まれた布を、ゆるりとまとった姿は女神さながらだった。

これこそがどんな困難も乗り越えてきた、わたしのエネルギーの源だ。そしてこの業界に入った理由でもある。この本を手にとった人なら、きっとファッションを愛するこの気持ちを理解してもらえるだろう。その後、わたしは『ティーンヴォーグ』でファッションについて書くようになり、話題のショーについてだけではなく、自分が好きになれない業界のさまざまなことについても記事に取り上げた。例えば、わたし自身の摂食障害の原因となった、棒のように痩せていなければというプレッシャーや、あらゆる場所に遍在する肥満恐怖症や人種差別についての記事だ。読者もそういった記事を好んだ。ファッションにはあまり興味のない若い読者も、ファッション雑誌が、自らが永続させてきた問題を明らかにし、進化するのを見たがっていた。

二〇一五年、わたしは一人の学生から、トップショップのビヨンセのラインを製造していたアイビーパーク（IVY PARK）に関する記事のリンクが貼られたメールを受け取った。記事には、トップショップの服がスリランカで強制労働によって製造されていると書かれている。調べたところ、情報は十分に記事にするだけの価値があり、とくにわたしがそのコレクションをすすめた若い読者にとっても関心のあるものだとわかった。締め切りまであまり時間がなかったけれど、わたしはすでに公表されている報告書に目を通し、断定的な表現は避けて、この話を『ティーンヴォーグ』の短いブログ記事にまとめた。記事には、わたしと同じく問題にショックを受けた人々から称賛のコメントが寄せられたが、ほとんどの人は関心を示さなかった。

わたしの身近にいる人々は皆、インクルーシブな業界の在り方について語りたがっていると思っていた。だが、彼らが語りたいのは、自分たちにとって耳ざわりのいい話だけだ。わたしは自分の愚かさを思い知らされた気がした。ファッション業界の搾取工場の横行については知っているつもりだったのに、自分が書いた記事の先に何があるのか見えていなかったと感じたからだ。

それから数年後の二〇一九年末、ニューヨークタイムズ紙は〈より速いファストファッションブランド〉を自認するファッションノヴァについて、批判的な記事を発表した。記者のナタリー・キトロフは、商品の回転が速いブランドの厳しい納期を守るために、虐待や低賃金待遇を受けていたロサンゼルスの衣料品労働者にインタビューをし、その内容を掲載した。この記事に対してファッションノヴァは、いかなる不法行為もなかった、「記事は真っ赤な嘘だ」と反論すると同時に、同社には七〇〇に上る下請け製造業者があるが、すべての業者に一定の基準を遵守することを求めている、そして基準に達しないことが二度あれば、その業者との契約はすべて停止になる、広報担当者はそう述べ、幕引きを図った。消費者もそれ以上の深掘りはしなかった。一方、労働者は、自分たちの経験に対する正当な評価さえも受けることはできなかった。二〇二〇年、ファッションノヴァの利益は拡大した。

ランウェイだけを見る限り、ファッション業界は美と特権に満ちた世界だ。だが服を作る現場の工場ではまったく違う物語が展開されている。高価な服や華やかなディナーの様子を伝えるSNSから遠く離れた場所で、縫製労働者の存在はないがしろにされ、ときには上司が支給してくれないトイレットペーパーをランチバッグに入れて持参することもある。皆、需要に応えようと、懸命に布を裁断し、縫い合わせる。何度もミシンの下を往復する手は酷使されているけれど、不平一つもらさない彼らを虐待や不正から守るシステムはない。

わたしは自問自答した。ファッション業界における変革の必要性について、単にデザイナーやモデルだけでなく、彼らの先で働く労働者たちについて検証をすることなく、どうして平然と記事を書けるだろう？　縫製は熟練を要する仕事だ。ファッションはけっして浮ついた世界ではない。わたしたちに必要な変化はいろいろある。まずは服を作る現場の問題について話すことからはじめなくてはならない。職人たちが縫う服にパワーがあるように、わたしたちが書く記事にもパワーがある。

この本を読めば、ファッション業界が気候変動や搾取労働の実態など、不都合な事実を隠蔽し、これまでの慣習を存続させるために行っているあらゆるやり方について知ることができる。それは複雑なパンドラの箱のようなもので、ショックに打ちのめされるかもしれない。だが情報を得た賢い消費者として解放される可能性もある。これから話すのは、わたしたちが身につける服を作る工場の中で、虐待、性的暴行、低賃金、病気など、さまざまな苦難を経験した女性たちの物語だ。そして、業界の中から、状況を変えようとする活動家やデザイナーの物語も読める。

この本を服が好きな人、おしゃれをする楽しさを知るすべての人々に捧げる。どうかこの本を読んで何かを得てほしい。たとえ悪しき側面はあったとしても、ファッションを愛すること、それ自体が悪いわけではない。問題は我々がそれをどう消費するかだ。

1　新着商品をもとめて

わたしはニューヨーク、クイーンズにあるコインランドリーの隣に住んでいる。コインランドリーの狭い駐車場には、にぎやかな音楽をかけた車が、クラクションを鳴らしながら、ひっきりなしに出入りしている。駐車場の奥、ちょうどわたしの部屋の窓のすぐ下には、大きな緑のリサイクルボックスが置かれ、その側面には白いペンキで〈服＋靴＝木〉という方程式が書かれている。方程式に関する説明は何もない。だがこのボックスに古い服や靴を入れると、なんらかの形で木が育つのではないかと思わせるには十分だ。やってきた人は、ボックスの前にいらなくなった衣料品が入った袋を置き、ハンドルを引き上げる。そしてぽっかり開いた投稿口に袋を置いて、再びふたを閉めれば、それはくるりと中に吸い込まれていく。金属製のふたが大きな音を立てて閉まった後、中では捨てられた服が折り重なり、悲しげな山を作っている。がちゃんという耳ざわりな音に慣れてしまった多くのニューヨーカーと同様、わたしもまた、その後、捨てられた衣類がどうなるのか、気にしたこともなかった。

リサイクルボックスの利用者が、捨てられた品々の行き先を知っているかどうかは疑わしい。わたしだって長い間、知らなかった。ただなんとなく、木のマークは再生のメタファーだと思っていた。たぶん、わたしの着古したドレスはグッドウィルのラックにつるされ、誰かしかるべき人が現れて、自分を手にとってくれるのを待つ。そしてやがて現れた人が、わたしに代わって、その服に新たな愛情を注いでくれるのだ、と。それから先のことは考えたことがなかった。わたしが服を処分するのは、物理的な空間をスッキリさせるため、そしてさらに重要なのは、精神的な空間（メンタルスペース）もスッキリさせることができるからだ。長年、ファッション業界でトレンドを追いかけ、ギャラの安いジャーナリストの仕事をする代わりに、服をただでもらえるという特権に恵まれた結果、わたしの元には大量の服が集まってくる。例のハンドルのついた重いふたを閉めたとたん、大量の服は視界から消え、不用品が入った袋の物理的な重さと共に、精神的な負担もなくなる。捨ててしまったもののことを二度と考える必要はない。

だが、考える人もいる。

誰かに買われ、クローゼットの中にしまい込まれる前、その服には活躍の場があり、多くの人々と関わる人生があった。綿花を栽培する人、縫製する人、荷造りする人、そして家まで配達してくれる人。店頭に並ぶ場合には、服を箱から出し、スチームでシワを取り、ハンガーに掛けて、わたしたちの目に留まるようにディスプレイした店員も。その後、服はわたしたちと共に時を過ごし、パーティー、仕事、デートやディナーといったさまざまな場面で、わたしたちにパワーをくれた。小さなワインのシミ、椅子に引っ掛けた糸のほつれ、すべてがその服と過ごした日々の思い出だ。だが、ひとたび流行遅れになり、飽きられると、わたしたちはもはや目を留めなくなり、服は着る人のいない人生を歩むことになる。

もしかつて自分のお気に入りだった服が、その服を新品同様に愛し、新たな命を吹き込んでくれる誰かのクローゼットにもらわれていくなら、それはすばらしいことだ。だが、現実は甘くない。Poshmark、Etsy、Depop といった、売り手と買い手を直接つなぐ転売アプリが急成長しているものの、不用になった服のほとんどは、わたしのアパートメントの隣にあるようなリサイクルボックスに入る運命だ。そして、他の衣類と一緒に、一括りにされて、年間数十億ドルが取引されるという海外の転売市場で再度売られることになる。

もしかしたらニューヨークで捨てられた服は、ガーナ人アーティストのセル・コフィガのもとに届くかもしれない。コフィガは廃棄衣料の問題に長く取り組んできた。彼は幼い頃、両親からガーナで人気のある中古衣料品の市場で買い物をすることを禁じられていた。なぜならその衣料品は「白人のお古だから」だ。

たしかに彼の両親の言う通りだ。毎週一五〇〇万点の衣類がガーナの港に到着し、中古品市場に運び込まれる。ガーナで二番目に大きな、アクラのカンタマント市場に並ぶ中古衣料の多くは、欧米で消費された年間三六億着にものぼる衣類の一部だ。運び込まれた服の八五%は廃棄されるが、搬入される衣類の量はこの五年で四倍に増加している[1]。

毎夜、わたしの家のそばのリサイクルボックスに、大きな金属音と共に投げ入れられる衣類が、コフィガの家のそばで巨大な山を作っている。「必要をはるかに上回る量です」。コフィガは、市場の様子や世界にどれほどの服があり余っているのかを知らしめるため、拾った布で創ったアート作品を写真に撮って発表している。自分の写真についてきかれたとき、彼はこう答えた。「トレンド。それが、我々が自分ひとりではとても着られないほど多くの服を持ってしまう問題の元凶です」

コフィガの写真がとらえているのは、地球の裏側からやってきて、彼の町にたどり着いた廃棄衣料の山だ。ある写真では数人の人が、大人の男性の背丈をはるかに超える服の山からデニムを拾い集めている。デニムはどれもくたびれ、汚れているように見えるが、彼らはそれを一本ずつ手に取り、転売に耐えられる代物かどうかを見定めている。この町には大量の衣類が集まってくるため、作業員が輸送用コンテナから出したずっしりと重い束は、街頭で販売されないまま、何年も倉庫に放置されることもよくある。コフィガは言う。「物心ついてからずっと、わたしはこの市場に通い続けていますが、衣類の束がとてつもなく重いこと、そしてその束を運んでいるのが一一、二歳の子どもだという事実にいつも胸が痛くなります。彼らは家族に仕送りをするために、ここで働かざるをえないのです。市場に行くたびに、同じ衣類の山が一〇年間、手つかずのまま放置されているのを見るのもまた、心痛む体験です」

コフィガは市場について語るとき、その場所が町の人々の生活に欠かせない存在であることを強調した。アメリカから運ばれてくる布や靴で作られた迷路は、地元の経済にしっかりと組み込まれており、多くの家族が中古衣料の販売や処理で生計を立てている。ただし、それは本来あるべき姿ではない、コフィガはそう考えている。その昔、アフリカの多くの国では縫製業がさかんだった。だが中古衣料市場が拡大するにつれ、縫製工場での雇用は失われた。アフリカ各国の経済構造は、欧米の強大な権力によって押しつけられたものであり、今なお、その影響下にある。

二〇一八年、東アフリカ共同体（EAC）加盟国のケニア、タンザニア、ルワンダ、ウガンダは、輸入される衣料品に関税をかけ、自国に流入する中古の服や靴を減らし、地元の縫製業を復活させようと試みた。だがこれに対し、ドナルド・トランプ大統領（当時）は「関税をかける動きに参加する国があれば、米国政府はアフリカの成長と機会に関する法に基づく免税措置を撤廃する」と報復措置を示唆した。その結果、ケニア、タンザニア、ウガンダの三国の政府は、圧力に屈してただちに手を引き、中古品市場の継続を容認した。[2] だがルワンダは関税の導入を進め、中古品の輸入を段階的に削減し、地元の縫製産業を活性化させ、失われた雇用を創出しようとした。

米国はルワンダに、引き続き廃棄衣料の輸入を続けるよう要請した。輸入（すなわちアメリカにとっては輸出）が停止すれば、米国の環境と雇用に大きなダメージをもたらす可能性があるからだ。ロビイスト団体の二次素材・リサイクル繊維協会も、廃棄衣類の大半は埋め立てに使われるものであり、輸出が停止すれば四万人の雇用が失われると主張して、この法案を推進した。だがキガリにある市場と同じく、多くの市場では、汚れて売れない衣料品で一杯の倉庫が何年も放置されて問題になっている。なかでもファストファッション・ブランドの製品は、ダメージが多すぎて再利用することもできず、価値がないと判断されて、露店のブースとブースの間の路地に投げ捨てられ、結局は掃き集められて、ゴミ処理場に送られる。

リサイクルボックスに入れられた何万枚という服は、高い運搬費を払って地球の裏側まで運ばれたあげくに、ゴミと一緒に捨てられる。わたしたちはひとたび服が視界から消え去ってしまえば、それらが送られた先の国にどのような影響をもたらすか、気にかけることはない。

一消費者としての視点――つまり好きなときに、好きなものを着るというスタンス――からファッションを見ていると、自分が、いかに目まぐるしく変わるトレンドに影響されているかを実感するのはむずかしい。例えばクローゼットで手持ちの服を眺めながら、何も着るものがないと思うのはなぜだろう？　あなたは二、三カ月前に買ったパンツを引っ張り出し、それを目の前で広げてみる、そしてもう二度と穿くことはないとわかっているのに、いつかまた着たいと思う日がくるかもしれないという希望を胸に、再びそのパンツをクローゼットにしまい込む。次の日、ネットを眺めていると、一本のパンツが目に留まる。昨日のパンツより、こっちのほうが色もデザインも、今のトレンドにあっている気がする。その気持ちを後押しするのが、手持ちの服を着ることに対するネガティブな感情だ。ブランドはこの感情を売り上げにつなげようと、シーズンという概念を巧みに使って、わたしたちに常に新しい服を買い続けねばという気にさせる。

すでに生産されている服の量を考えれば、シーズンごとに新しいアイテムを作る必要はない。それでもブランドが生産をやめないのは、ごくシンプルな理由、それが収益を生むからだ。多くの従業員を雇う縫製工場では、すでに生産した製品の修理やリメイクを行う一方で、真新しい生地で真新しい服を作り続けている。使用済みの布地をリサイクルするのは、ナイロン、オーガンジー、フェイクファーやレザーといったプラスチック由来の素材を新しく作るよりもはるかにコストがかかるからだ。それにこのやり方を変えれば、社会に適合するためにはトレンドについていかなければならないと消費者に思わせる、これまで長きにわたって踏襲されてきた販売戦略の根幹を揺るがすことになるかもしれない。

二〇世紀の初め、ハイブランドのデザイナーたちは、年二回——夏と冬——コレクションを発表し、デパートがそれを商品化して販売した。ファッションショーはデパートの中で行われ、モデルが最新のデザインを身につけて、世界中から集まったバイヤーを前にコレクションを披露した。五〇年代には、ブランドがグレース・ケリーやスージー・パーカーといった有名な女性をモデルに起用し、一段高い場所に設置され、色とりどりのスポットライトに照らされたキャットウォークを歩かせるようになった。六〇年代に入ると、人々は自己表現としてのファッションに注目するようになり、女性の服にも従来の保守的なスタイルを超えた、多様性が求められるようになった。ミニスカートの生みの親といわれるイギリスのデザイナー、マリー・クワントはその先駆けだ。冬服と夏服、二つのシーズンという、ファッションにおける既成概念を打ち崩した。彼女が一連の変化においていかに大きな役割を果たしたかについて、ファッション史家のジェイムズ・レイバーは『コスチューム・アンド・ファッション』の中で次のように述べている[3]。「マリー・クワントはシーズンごとのショーという制約をはねのけ、デザイナーとしてデビューしてしばらくの間に、二八ものコレクションを発表、シンプル、かつ実用的で着回しが楽しめる、六〇年代の空気感にぴったりの自由で気取らないデザインを生み出した」

その後の二、三〇年の間に、ファッション業界の暦（カレンダー）は、客の好みに合わせるのはもちろん、常に新しいものを求めるシーズン・ジェットセッターの好みにも対応できるよう、生産のサイクルをスピードアップさせていった（デイリー・フロント・ロウ、二〇〇八）。二〇〇〇年代になると、貧富の差が拡大し、豊かになる一方の富裕層の購買欲に応えるため、ブランドは春夏と秋冬の間にリゾートとプレフォールのコレクションを追加した。また、セレブとのコラボで、いわゆるディフュージョンラインを発表するときもあるが、これらのコラボはシーズンコレクションとは別の形で発表される。

ランウェイで披露されるコレクションは、現実離れして、普通の人には手の届かないものに見えるかもしれない。だが最終的にはそこで発表されたものが、バイヤーたちの精緻な計算に基づいた買い付けを経て、デパートの店頭に並ぶことになる。バイヤーはトレンド界のオズの魔法使いだ。デザイナーが作っているものを見て、その中から一般の客に売れそうなものを選んでいく。作家のサルマン・ラシュディはかつて、映画の『オズの魔法使い』を「この物語の原動力は大人の弱点だ」と解説した。[4] むろん、魔法使い自身も弱点のある大人の一人だが、映画の中で他人の弱点をうまく利用している。それと同じように、我々もまた、買い物で〈必要性（ニーズ）〉と〈欲求（ウォンツ）〉を区別できないという弱点を持ち、ブランドはそれを逆手にとって、より多くの売り上げを上げることを可能にしている。匿名で取材に応じてくれた、ある大手百貨店のバイヤーは、自分の仕事は社会情勢を見ながら、三カ月から六カ月後に買い物客が何を欲しがるかを予測することだが、近年、このプロセスがシンプルな買い付けから、より多様なニーズに応えるために必要とされる、十分な量と選択肢を確保することに進化していると説明する。「仕事をはじめて一〇年になりますが、この六年間は、以前より多くの物を買い付けています」。彼女は電話越しに言った。「一つの商品ごとの数、つまり〈深さ〉と、それを多様なサイズとバリエーションで提供するという意味での〈広さ〉の両面において、買い付ける商品が増えているのです」

さらに彼女の話は続いた。ランウェイで披露されるコレクションから店頭に並ぶのはごく一部のアイテムで、エントリーアイテムとしてよく売れるのは、シーズンごとにマイナーチェンジをする品物だ。例えば、デパートでは数カ月ごとに色やスタイルが変わる三〇〇ドル前後の価格のグッチのスライドサンダルを、常時、多めにストックしている。なぜならブランド品を買いたいけれど金銭的な余裕がない人が、服やバッグは無理でも、サンダルなら買う可能性があるからだ。ちょうどそのバイヤーと話をしているとき、わたしはロサンゼルスのホテルのロビーに座っていた。ふとロビーの向こうのプールに目をやると、まさに今バイヤーが話している色も形も少しずつ違うグッチのサンダルを、そこに集う数人の若者のうちの三人が履いている。わたしはそれが実に巧みに計算された商品であることを確信した。サンダルが人気なのは、彼女たちを自分たちは特別だという気分にさせてくれるからだ。それを身につけることで、自分たちが豊かで、恵まれた、均一なコミュニティ、いわば〈クラブ〉の一員であり、仲間内だけが知る情報を共有しているという幻想を抱かせる。

ファッションショーに招待され、記事を書くエディターとして、わたしは数えきれないほど多くのシーズンコレクションを見てきた。ランウェイに次から次へと現れる、美しい服を身につけたモデルたちのキャットウォークを眺め、ショーからショーを駆け足ではしごしながら、シーズンのトレンドについて語る。そのトレンドが、わずか三カ月後には他のトレンドに取って代わられることを知りながら。それも仕事のうちで楽しいけれど、どこかうわべだけで、むなしく感じられた。あまりに華やかで、芝居がかっていて、なぜ自分がそこにいるのか、その意義を思い出せなくなることもあった。服とは何の関係もないのに、最前列に座ってインタビューに答えているセレブのため？　それともブレイクを夢見て、一日一七時間労働に励むモデルのため？　あるいはわたしのようなファッションエディターやジャーナリストが、一線で活躍する業界人にちやほやされているという自己満足に浸り、夜毎、夕食に出かけてはゴシップに興じるためなのだろうか？　シーズンを重ねるごとに、わたしは服を作る人たちの芸術的な技に対する愛を深めると同時に、自分が道を見失った暴走車の一部であることを思い知らされるようになった。ファッションウィークは、流行に後れをとらないため、何を着るべきなのかをわたしたちに教えてくれるイベントに見える。だがその結果、ブランドが金を稼ぎ、わたしたちは着もしない服を大量に抱えることになる。

ファッション業界はこれまでもずっと、自分たちの利益より人間を優先する気はないことを表明してきた。その姿勢は、二〇二〇年の秋、COVID－19の流行がニューヨークで第二波のピークを迎えるにいたって、いよいよ顕著なものとなった。多くのデザイナーには、次のシーズンに向けて新しい服のコレクションを作る資金の余裕はなかった。市場はあっという間に活気を失い、デパートは休業し、以前のようには買い付けをしない。顧客もまた、いつ、どのように世界が元通りになるのかわからない状態で、高価な品物を買おうという気にはならなかった。ヴェルサーチェや、ブランドン・マックスウェル、ラルフローレン、トム・フォードといったいくつかのブランドは、通年のサイクルから離脱して、顧客が再び服を買う気持ちになった時期にコレクションを再開すると宣言した。だが、変化は二段構えでやってきた。たしかに最初の数カ月は、最前線にいるデザイナーたちが、毎シーズン、新しい服やトレンドを発表する必要はないという発想の転換をリードしていくように見えた。単純なわたしは、後期資本主義〔一九五〇年以降の資本主義〕が行きすぎた結果、ブーメランのように昔に回帰せざるをえなくなったのだろうと本気で思った。おそらくブランドが、このままシーズンを増やし続けることが時代に逆行していると気づいて、業界全体が軌道修正を行うはずだ、と。

ラグジュアリーファッション市場も、年に何回にもわたる生産への期待に応えることがいかに有害であるかをようやく理解し、コレクションの回数を減らすだろう、わたしはそう思った。だが、ファッション業界が関心を向けたのは、そこで働く人々の事情や安全性ではなく、お金だった。わたしの希望的観測は、バーチャル空間で行われるファッションショーの招待状にもろくも打ち砕かれた。何十ものブランドがこぞって、ファッションで「時代の要請に応える」

ことを選んだ。その流れをシャットダウンするのは、世界的な大混乱の数カ月よりもはるかに多くの時間を必要とするだろう。

二〇二一年の初めには、ほとんどのブランドに顧客が戻る。彼らはそう予測し、何事もなかったかのように業界にとどまり、以前と同じサイクルを続ける決意を新たにした。

バイヤーによれば、二〇二〇年の夏が終わる頃、在宅勤務の人たちがガソリン代や外出費を節約したことで、デパートの売り上げは拡大したという。ブランドは気晴らしにファッションで楽しもうとする人々に売り込むチャンスに飛びつき、サイクルを加速させることに注力した。また同時に、お金を使いたくてうずうずしている人たちの存在に気づいて、生産体制を強化し、エントリーアイテムを大幅に増産した。

この過剰生産への回帰は、ハイブランドに関心のある人たちだけでなく、市場全体に影響を与えた。ラグジュアリーブランドでシーズンが盛り上がれば、一般的なブランドの生産にも拍車がかかる。ファストファッション・ブランドは、ハイエンド・ブランドのトレンドに基づいて、五二の〈マイクロシーズン〉を設けている。つまりＺＡＲＡ、ファッションノヴァ、Ｈ＆Ｍ、ＳＨＥＩＮ、ブーフーなどのブランドは、一年を通じて、毎週新しい服を発表している。これらのブランドはセレブリティやインフルエンサーによって拡散されたランウェイのトレンドを分析し、デザインから生産までを数週間で行う。トレンドのクリエイターが生産に数カ月を要するのに対して、ファストファッションでは顧客が欲しいと思う前に製品が販売できる状態になっている。

「工場ではシーズンが始まると同時に、服の生産を開始します」。ある猛暑の夜、縫製工場で働くサンタ・プアックは言った。彼女とはロサンゼルスのダウンタウンにある縫製労働者センターで出会い、労働者の代表として話を聞かせてくれることになった。縫製工場で働いて一〇年になるサンタは、仕事に復帰した直後で、その日、インタビューの席に三人の子どもを連れてきていた。二〇二〇年の冬に娘を出産したが、しばらくの間は免疫力の低下でウイルスに感染しやすくなっているのを心配して、職場復帰をためらっていたらしい。「狭く、換気が悪い工場で働くのは危険です。前年には多くの同僚が亡くなりました」彼女は言った。

ようやく感染者数が減少しはじめた二〇二一年の春、サンタはファッションノヴァの服を生産している工場で働く決意をした。小売価格が一番高くても五〇ドルほどの服にタグやラベルを付ける仕事で、報酬は一着五セント、時給にすれば約四〜六ドルにしかならない。サンタによれば、彼女が雇われた工場では、毎週のように新しいコレクションを生産しているが、パンデミックが始まってからは、同時にマスクも作っていたため、これ以上にない忙しさだったという。需要に応えるため、彼女の一週間の労働時間は六〇時間を超えていた。

客として店を訪れた人々は、店内で商品がどれほど目まぐるしく入れ替わっているかに気づかないだろう。なぜなら、それを示すのは、店のラックに取りつけられたポップや、毎週、ウェブサイトに表示される〈新着商品（ニューアライバル）〉という文字だけだからだ。しかもスタイルの変化はごくささやかで目立たない。例えばパンツのデザインはそのままで柄だけが変わっていたり、Tシャツの文字やイラストだけが変わっている。ほとんどの人は気づきもしない違いだ。ラグジュアリーブランドとは違って、ファストファッションはより多く売れるからこそ、より多く生産し、売れ行きを迅速にフィードバックして、変更すべき点を改善する。「冬はパンツとセーターを、夏は水着とスカートを作りますが、作るそばから売れていきます」サンタは言った。「時にはごくわずかな変更を加えることもあります」

わたしもファストファッションのこの仕組みを現場で目の当たりにした一人だ。一〇代の頃、マンハッタンのミッドタウンにあるアーバンアウトフィッターズで働いていた。サラリーは販売職の最低賃金だったが、ニューヨークに来たばかりのわたしには、すべてがまぶしく、意味のあることに思えた。月に一度は徹夜の作業があり、他のセクションのスタッフとも協力しながら、フロア全体の商品整理をする。閉店後、入り口のドアに鍵をかけると、人気のボヘミアン風トップスを求める数百人の客の声の代わりに、段ボールが切り裂かれ、つぶされる音がフロアに響き渡る。BGMも店のプレイリストから、店長のお気に入りの曲に変わった。

古くなった商品は棚からおろして、セール品の山に重ね、色やサイズ違いの似たような商品に差し替える。メンズのフロアには、グラフィックTシャツをずらりと並べた巨大な壁があった。Tシャツはすべて同じパターンで同じ重さだ、ただし絵柄だけが違う。入れ替えをするのは、一番売れているものを前面に出すためではなく、新着の商品をアピールして、客が買い続けるようにするためだ。そして、その作戦は功を奏した。客の多くは、週に一、二回は顔を見かける常連だ。ただエアコンのきいた店内でくつろぐだけの客もいたが、来るたびに新しいTシャツを買っていく客もいた。そのなかにはセレブもいて、とっくに正体はばれているのに、決まって月の初めに、大きなサングラスをかけて来店し、わたしを見かけるとたずねるのだった。「新製品はどれ？」

正直に言えば、当時は自分も買い物客として同じような行動をしていたため、それがとくに変だとも思わなかった。わたしはファストファッションと共に育った世代だ。フォーエバー21とH&Mは、常に身近にあり、わたしと共に時代に合わせて変化していった。わたしが金銭的なリスクを負わず、トレンドについていくことができたのは、ファストファッションのおかげだ。高校時代、近くのレストランで一時間、電話応対のアルバイトをすれば、五ドルのトップスが買えた。金銭的に余裕のある友人たちが身につけているのも、同じようなものだ。買い物をするのはいつもそういう店で、毎週金曜日には新製品をチェックしにいくのが習慣だった。

売り場以外の場所で、ファッションに関わるキャリアを積むことになっても、わたしの買い物のパターンはそれほど変わらなかった。過剰な消費をしているとわかっていても、買い物をやめることはない。それはあまりに手軽で、深く考える必要もない。気がつくと別に好みでもないシャツがクローゼットに入っていたりもした。不安から買い物をすることも少なくなかった。例えばインタビューなどのイベントの前だ。クローゼットをのぞき込んでも、着ていけそうなものは何も見つからない。どれもこれも流行遅れで、ぱっとしない。パニックになったわたしが頼りにしたのがZARAだ。店はオフィスからわずか五ブロック先にあり、急いでいけば、試着室で着替えてイベントに間に合うことができる。ドレスを買ったり、その日のパンツに合わせてトップスだけを買ったこともある。その時履いている靴よりほんの少しヒールの高い靴、ほんの少しおしゃれなバッグ、そういった商品がすべて五〇ドル以下で手に入る。いざイベントに登場する段になると、もっとドレスアップしてくればよかったとか、こんなの自分らしくないと感じるときがある。でも、買ったばかりの品々が新しさの魔法で、その後の数時間をなんとか乗り切らせてくれた。褒められることでないのは、自分でもよくわかっている。たいていの場合、わたしは良識のある人間だが、ファストファッションの最悪の部分を知っている人間でさえ、トレンドの誘惑には勝てない。わたしたちには、新しいもの、もっといいもの、常に今以上のものを求める姿勢が染みついている。そしておしゃれに一〇〇ドル以上使うことを正当化できない人間にとって、フォーエバー21やH&M、ZARAはいつもそこにいて、倒れそうになる自分を支えてくれる心強い存在だった。なぜならファストファッション・ブランドは、そういう消費者のために作られたものだからだ。

一九八五年、アマンシオ・オルテガという一人の男性が、人々のショッピング体験を変えようと決心し、故郷のスペインで自分のブランド、ZARAを運営する持株会社、インディテックス（Inditex）を設立した。フォーエバー21やH&Mといった競合ブランドも、創業からそれなりの年月がたっていた時期で、アマンシオは生産をさらにスピーディにすることでブランドを差別化したいと考えた。そのためには流通モデルを改革し、デザインから生産、小売まで、ビジネス全体をより一貫してコントロールできるようにする必要がある。その結果、ZARAはファッション業界全体のトレンドを反映させつつ、週単位で異なるスタイルを提供し、顧客の多様なニーズに対応できるようになった。

同ブランドは毎年、少なくとも一万二〇〇〇のスタイルを市場に送り出し、週に二度、倉庫から店舗に出荷する。多くのスタイルを作ることで、ZARAにくれば、必ず何かしら目新しく、流行りのものが見つかると客に思わせるためだ。服は使い捨て、それがブランドのエートスだ。同社の製品はどれも長い間の使用に耐えられるようには作られていない。「わたしたちはほぼ毎日、在庫を入れ替えていました。売り切れれば、すぐに他の商品を補充しなくてはならないし、売れないものは処分する必要があったからです」。こう証言するのは、全米でもっとも売上高の多い店舗でマネージャーをつとめていた男性だ。「それに加えて週二回の入荷があります。一回で、レディース、メンズ、キッズの三部門合わせておよそ一七〇〇のアイテムが入荷します。より規模の大きい店では、その数が実に五〇〇〇～六〇〇〇近くにもなります」。入荷の半分は売り切れた商品の補充分、残りの半分は新商品だ。わたしがアーバンアウトフィッターズで働いていたときも同じような状況だったが、店舗に毎週三〇〇〇点の商品を追加し続けるスペースはない。結局、売れ残った商品は梱包されて、倉庫に送られ、最後には値下げをして、オンラインで販売されることになる。

　このサイクルがわたしたちにもたらすのは、毎年冬が来ると、新しいセーターやジャケットを買う必要があり、トレンドについていくために、去年のジーンズはクローゼットの片隅に置いておくべきだというメッセージだ。しかも商品がセールになっていれば、なおさら買わない理由がない。わたしが子どもの頃、母は寝室のクローゼットの奥に大きなプラスチックのケースを置いていた。季節が変わると、わたしは母と共にハンガーにかかっているものをおろし、サイズが合わなくなったものは脇によけて置く。それから衣装ケースの中にあったものをハンガーにかける。これは、四季のある地域に育った人なら、誰しもなつかしく思い出す光景のはずだ。秋の初めにはお気に入りのセーターを引っ張りだして、その着慣れた柔らかさに身を委ねる。凍えるような日々が過ぎ、春になれば、スウェットをTシャツに変えて、腕に太陽の光を感じる。わたしたちはいつから、これだけでは満足できなくなったのだろう?

工場から小売店にいたるまで、ファッション業界の不必要なサイクルは労働者に大きな負担を強いている。「朝早く出かけて、工場から戻るのは夜です。太陽を見ることはほとんどありません」。ファッションノヴァの縫製工場で働くもう一人の従業員、マリアは言った。「やるべきことは山ほどあるし、支払いは出来高制です。手を止めるわけにはいきません」。予定されていた仕事が終わっていない場合、一旦タイムレコーダーを押して退社時間を記録し、その後、部署に戻ってその日の仕事を仕上げるよう、上司から命じられることもあったと言う。もちろん退社時間以降の仕事に対する報酬は払われなかった。

ようやく製品が店舗に納品されても、労働問題は終わらない。「とくに棚卸の作業の時など、正社員が残業を求められるのは日常茶飯でした。そしてそれに対する報酬は支払われません」ZARAの元マネージャーは言う。「マネージャーのなかには、その日予定している作業が終わっていなければ、時間給で働く従業員にも一旦退社したことにして、作業を続けるよう指示する人もいました。結局、小売店の従業員は解雇を恐れ、すべての商品を棚に並べきるために、規定よりも安い時給で働くことになるのです」。二〇二〇年には、搾取で悪名高い縫製工場の労働者たちが、パンデミックの間のビジネス戦略の変更に対応するためという理由で、一日一時間働いて、たった三ドル七五セントの報酬しか手にできなかったという事実を『バズフィード』の記者が明らかにしたが、それもこの世界では大して驚くに値しないことだ。

ファッション業界におけるさまざまな事象を理解するためには、〈シーズン〉を理解する必要がある。なぜなら土地の埋め立てや搾取工場といった問題は、ブランドがわたしたちに、これまで以上により多くの物を消費させようとするたゆみない努力の延長線上にあるからだ。トレンドは目まぐるしく変わり、わたしたちがソーシャルメディアを見るたびに更新されていく。今の若い世代の人々は何が流行っているのか、その情報を自分の中で整理する時間さえないうちに、文化的にリセットされてしまう。しばしば見出しをにぎわす文化戦争は、ファッション業界によって仕掛けられたマーケティング戦術だ。

仮にY2Kのアイテムがあなたのワードローブのローテーションから外れた後、二、三年のうちに再び流行ることがなかったとしたらどうだろう？　大人になり、多少は自由になるお金も増えた人なら、自分がホルタートップをゴミ箱に投げ入れてから一〇年も経たないうちに、また似たような品物を探してオンラインショップを見ていることを気にもしないだろう。捨てられた服の山について、ガーナのコフィガは厳しい口調でこう語った。「どんな服を、どんなふうに着るにしても、それがいつか誰かのスペースに影響を与えるということを理解する必要があるのです」。彼は、生産を中止するのはブランドの責任だと考えているが、消費者もまた、文字通り、毎週、トレンドの服を買い続けなくてはならないというブランドからのプレッシャーに負けず、強い心で手持ちの服を大切にしてほしいと願っている。

また、SNSの影響による生産サイクルの加速が、わたしたちの消費行動をどれだけ変化させたのかについても考えてみる必要がある。とくにTikTokでは、SHEINやファッションノヴァといった新世代の安価なファストファッション・ブランドを買う人々が投稿者（ホスト）になる。シーズンごとのホールビデオは、同プラットフォームでもっとも閲覧数の多いコンテンツの一つだ。ホールビデオは、二〇一〇年代初頭に、ファストファッションの爆買いに着目したコンテンツクリエイターによってYouTubeで人気になったが、二〇一五年には人気に陰りがさした。Vロガーの視聴者数が増えたことで、収益化の優先順位が変化したためだ。だがTikTokでは、新しい視聴者がこのやり方を発展させ、より安価なアイテムを使った短い動画に仕立てた。二〇二一年、『バック・トゥ・スクール（*Back to School*）』のショッピング・シーズンには、SHEINホールの再生回数が三〇億回を超えたという。動画のなかには、「秋のホール」に費やした金額（通常は五〇〇ドル前後）を発表し、新しく買ったアイテムが詰まった箱を披露するものもある。ある人気動画では、ホストが自分の買ったアイテムを一から一〇の点数で評価し、キープするかどうかを決めている。「一〇点満点で七・五、デザインはかわいいけど素材がイマイチ」というキャプションが表示され、ホストは一一ドルで買ったというストレッチ素材のピンクのドレスをひっぱり、肩をすくめて悲しげな表情でカメラを見つめている。はっきりとは言わないものの、きっと彼女はそのドレスを不用品の山に投げ入れ、いずれ照明のあたらない場所に移すのだろう。捨てられたミニドレスで、彼女の懐は少しも痛まないかもしれないが、ドレスを作った人や廃棄物として処理しなくてはならない人の胸は痛む。

このような衣料品の使い捨て主義に加担しているのはＳＨＥＩＮだけではない。ファストファッションがもたらす問題を、金銭面を切り口に解決しようとしても、うまくいく可能性は低いだろう。サステナビリティ（持続可能性）を標榜するファッションTikTokでは、「スリフトホール」が大流行だ。ある動画では、クリエイターがリサイクルショップで、ショッピングカート一杯に入れた商品が、全部でたったの一八〇ドルだったと得意げに話している。一つ一つのアイテムをカメラの前で掲げて見せては、そばのカートに投げ入れ、最終的にそのカートは布で一杯になる。また、別の動画では、インフルエンサーが服のつまった三つのゴミ袋を持ちながらアパートメントに入っていく。彼女たちがお尻を左右に振るたびに、画面に新しく手に入れた服が現れる。

新品よりは中古の品を買うほうが、まだいくらかましかもしれないが、ファッションサイクルを回し続けているのは常に新しい服が必要だという考え方だ。専門家は、二〇三〇年までにすべての人のワードローブの一七％がthredUPやthe RealRealのようなアプリで購入された古着になると予想している。[6] 毎シーズン、新しい服を探すバイヤーでさえ、変化を現実のものとして認識し、自分たちのビジネスモデルを適応させようと躍起になっている。「多くの百貨店が転売業者と提携しようとしているのは、この流れがなくなることはない、さらには避けられないものだと認識しているからです。だからその流れをコントロールする方法を見出そうとしているのです」。百貨店のバイヤーはさらに、サーキュラリティと言われる、今、話題のファッション業界のサステナブルの実践——服やアクセサリーが再生可能なようにデザインされ、それを作ったブランドによって買い戻される——はハイブランドに大きな打撃を与えるだろうと語った。だがサーキュラリティは倫理的な観点から見れば、新しいものを作り続けるよりはいいように思えるが、結局その目的は常に製品を作り出し、より多くの売り上げを上げることだ。わたしたちもまた、ブランドによってデザインされた消費し続けるサイクルの一部であり、それがもたらす結果から目を背け続けている。

問題は、自分では安いと思っているコストで多くを望みすぎていることだ。少し視点を変えれば、そこにはきわめて高いコストがかかっている。古着だろうが、新品だろうが関係はない。天候や時期を言い訳にして、毎シーズン、わたしたちはより多くの物を買う。その結果、廃棄された服の山は世界中で大きく高くなり続ける。そしてその服の生産者たちは、アパレルブランドの経営者たちが顧客にはけっして見せないやり方で搾取され続ける。

2　メイド・イン・アメリカの現実

ロサンゼルスのファッションディストリクトには、歩道にずらりとマネキンが並んでいる。ヨガパンツやストレッチデニムをはかされた、グラスファイバーの大きなお尻にありえないほど細い脚のマネキン、一八〇センチの身長で、派手なピンクの頭にEカップの胸のマネキンもいる。ここではスーツや初聖体〔カトリックのミサの儀式〕ドレスを買うのと同じ店でブラを買うこともできる。町の中心部にある二マイルほどのエリアは、夏のオンシーズンのイーストコーストのボードウォーク、あるいは晩秋のミッドウェスタン・カーニバルを思わせる賑わいだ。店の軒先からマリアッチの演奏が聞こえてくるかと思えば、別の店からはテイラー・スウィフトのにぎやかな歌声が流れてくる。人々はつま先立ちになり、自分の前をゆっくりと動く、人ごみの向こうを見ようとしている。

フードワゴンやサンドウィッチショップからは、さまざまなスパイスの混じった香りが漂ってくる。ファラフェルから立ち昇る香りが、ベーコンチーズバーガーの強烈な臭いにかき消される。午後の陽ざしの中で、一番長い列ができているのは、カラフルなパラソルの下でカットフルーツを売る女性の屋台だ。あたりは看板やポップだらけだ。九〇％オフと書かれた赤い旗が、ネオンサインやラックにかかった一枚三ドル九九セントのドレスと競うように翻っている。ベビーカーを押す女性が、シェイブドアイスのカートを押す男性と行き違う。車社会で、店から店へ歩いていくなんて考えられないロサンゼルスで、ここだけは通りに歩行者があふれている。

だがこの地区は、信じられないほど安い服を買ったり、珍しい食べ物を食べたりするためだけに存在しているわけではない。ファッションノヴァ、フォーエバー21、ＭＡＮＧＯなど、数百の小売店が軒を連ねる場所でもあり、縫製工場で働くマリアが生活費を稼ぐ場所でもある。

マリアはメキシコで生まれ育った。両親は二人とも、地元の縫製工場で働いていた。マリアが知っている唯一の職業はミシンに座り、服を縫うことだ。一九九七年、彼女が働きはじめたとき、アメリカではあるユニークなムーブメントが起こっていた。製造業のほとんどの企業が生産拠点をアジアや南米に移すなか、テキスタイル産業だけは、アメリカに根をはり、西海岸に移住してきた人々の最大の雇用先の一つになっていた。縫製工場で働く労働者は、町の労働人口の約六％にも上る。その内訳は、中南米からやってきた人々が九七％で、そのうち七〇％が女性だ。

だが、ロサンゼルスは労働者にとってユートピアではない。それらの工場で働くのは負担が大きい。縫製工場の仕事の現実は、賃金が各段に安く、時に危険を伴う。おまけに経営陣の搾取や虐待もある。だが、それらの不都合な事実は、アメリカ製は海外製よりも品質がいいという根拠のない国粋主義的な感情論によって、長年にわたりあいまいにされてきた。

縫製業を巡る状況は、この数十年で劇的に変化している、それは事実だ。一九三〇年に、ロサンゼルスの縫製工場労働者たちが立ち上がり、国際婦人服労働組合（ＩＬＧＷＵ）――トライアングル・シャツウエスト工場の火事の後、ニューヨークで結成された――と連携して、組合を結成した。その動きを先導したのは、労働問題の活動家であり、アナーキストであったローズ・ペソッタだ。ペソッタはロシア（現在はウクライナ）のデラーニャに生まれ、一九一七年に、移民としてニューヨークにやってきた。彼女はマンハッタンのシャツウエスト（女物のシャツ）の仕立て屋で仕事をはじめ、ＩＬＧＷＵの第二五支部のメンバーになった。二〇世紀初めに女性のブラウスの一種として人気を博したシャツウエストは機能的で、男性のシャツをもとにデザインされている。値段は手頃で、多くの場合、搾取工場で生産されていた。つまり今のファストファッションの原型とも言える。一九三九年、ペソッタはマサチューセッツをはじめとする国中の縫製工場の労働者に呼びかけ、組合の結成を主導した。ボストングローブの記事によれば「（ペソッタは）整った顔立ちの未婚の女性で、とても四三歳には見えない」、また「自らの権利を知り、そのために立ち上がる癇癪玉のよう」だったらしい。

ロサンゼルスにやってきたペソッタは、搾取工場で働いているメキシコ系と中国系の移民を集め、ローカル２６６の結成を呼びかけた。だが、いざ組合の結成が現実のものとなったときには、彼女はもはや理事会のメンバーではなく、男性にその地位を奪われた。一九四一年、彼女は辞職にあたって、ロサンゼルスの労働者たちの窮状を訴える手紙を書いた。

ここで働く労働者――ほとんど全員が女性――は、長きにわたってアメリカの礎となった人々です。彼女たちの先祖は数世代にわたって、この国で暮らしています。先祖たちは、かつては黄塵地帯の住人(ダスト・ボウラー)であり、マ・ジョードに代表される出稼ぎ労働者のように不屈の精神で、数々の困難をくぐり抜けて西海岸にやってきました。彼らには勇気と生まれもった知性があり、わたしたちの新聞を読んで、真剣に考え、アメリカ国憲法とＩＬＧＷＵの規則の下に保証されている自分たちの権利について知りました。

ペソッタの言う通りだ。とくに『怒りの葡萄』のマ・ジョードは的を射た喩えだ。アメリカ文学の研究者、スーザン・シリングローはワシントンポスト紙で以下のように述べている。「マ・ジョードはフェミニスト――短気で、強く、愛情あふれ、不屈だ――で、国家の混迷の時期を導くリーダーにふさわしい存在である」[1]と。それこそが縫製労働者に期待される役回りだ。

ペソッタが組合を退いたあとも、労働者と工場の契約は、数年間は維持された。だが七〇年代に入ると、状況が変わった。安い労働力を使って服を生産する世界各地の工場に、ロサンゼルスの工場は太刀打ちできなくなった。彼らは契約を反故にし、組合に所属しない移民の労働力を頼りにするようになった。移民を雇うことは違法ではないし、彼らの多くが国外追放や懲罰を恐れて組合を結成しようとはしないのが好都合だからだ。一九九〇年までに、〈メイド・イン・アメリカ〉のタグは、ダブルスタンダードの空虚なシンボル以外の何ものでもなくなり、ロサンゼルス中に搾取工場が林立した。

一九九五年には、ロサンゼルスの郊外、エルモンテの集合住宅に警察が踏み込み、タイからやってきた七二人の移民が軟禁されているのが発見された。彼らはそこで寝泊まりしながら、一時間に二ドルという低賃金で働かされていた。住宅から逃げ出した女性が〈お願い(プリーズ)、気をつけて(ビー・ケアフル)〉と鉛筆で書いた手紙が、彼女の男友達によって当局に届けられた。そこには「とても危険。たくさんの人を連れてきて」というメッセージと共に、アパートメントの所在地を示す地図が添えられていた。現在、その手紙はスミソニアンの国立アメリカ史博物館に展示されている。[2]

これらの縫製工場で働く労働者はアメリカにやってくる時点ですでに借金を負っていて、低すぎる賃金の中から、渡航費用を返済することを強要されている。結局のところ、まったく労働に見合った報酬を得られていない。当局が工場を発見したとき、多くの労働者が、何年間も外出も許されず、軟禁状態にあったことがわかった。最悪の虐待だが、同様の例は町中で見られた。この一件で露呈したのは、我々がファッション業界に抱く、ゴージャスなスーパーモデルのイメージと現実のギャップだ。実際、九〇年代までは、そんな光景も存在していた。ニューヨークで行われるファッションショーの最前列に並ぶ業界のトップが、褐色のツーピースのスーツを着てポーズを決めるケイト・モスに向かってうなずいていた。だがまさにその瞬間、国の反対側では、服を作るために囚われの身になっている人がいた。囚われの労働者たちは、アメリカのファッション産業が前面に押し出したいイメージではない。だから数十億ドルの産業を牛耳る人々はだんまりを決め込んだ。

さいわいなことに、ファッション業界の外では、エルモンテの搾取工場の発見をきっかけに、問題が多くの人々の知るところとなり、AB-633法案に向かって曲がりくねった道の一歩を踏み出すことになった。法案はカリフォルニア州議会によって提出され、一九九九年にようやく成立して、「縫製業者、ブローカー、請負人、下請け業者の過失によって、支払われなかった賃金、あるいは手当」が労働者たちに支払われた。問題はこの法案の対象に、発注者であるブランドが含まれなかったことだ。これにより、法案の通過後も一〇年以上にわたって、ブランドは故意に現実から目を背け、工場はますます低い賃金を払い続けた。だが、ファッションにおけるアメリカ例外論の幻想にひびが入ると、搾取を続けるファッション業界の経営陣と労働者の対立が明らかになった。

エルモンテの工場の強制捜査の二年後、アメリカにおける搾取工場の存在に関心が高まる中、もう一つのロサンゼルス・メイドのブランド、GUESSが五一五〇万ドルの利益を達成した。五人の重役は一年間で一二〇〇万ドルの報酬を得た[3]。その一方で、同社の本社からわずか数マイル離れたところにある工場では、マリアと同僚が週給三〇〇ドルで働いていた。低賃金の労働者たちの犠牲により高給を得ていたのは、GUESSの重役だけではない。当時はスーパーモデルが登場するキャンペーン広告の黄金期だった。その一年だけで、GUESSは宣伝費に一億九〇〇〇万ドルを使い、有名な〈GUESS?ガール〉で、ヴィクトリアシークレットのエンジェルとしても有名なレティシア・カスタを起用して、ヴォーグ誌に四ページにわたる見開き広告を掲載した。カメラを上目目線でにらみつけるレティシアの短いスリップドレスからは、太ももがあらわになっていた。また別の写真では、フェンスにもたれる彼女の、ボタンを開けたままのジーンズから下着がのぞいていた。

ベビーGUESSも似たようなものだ。こちらの広告には、ブレイクする二〇年前のジジ・ハディッドが登場している。キャンペーン広告の中で、二歳のハディッドはブタのしっぽのようなブロンドのポニーテールにバンダナを結び、カメラを見つめている。彼女が身につけているのは、ショート丈のデニムのジャケットとブランドのロゴが入ったTシャツだ。この写真は彼女がモデルとして人気になるにつれ、何度もいろいろな雑誌に掲載された。九〇年代、GUESSのキャンペーンで撮られた白黒の写真は時代の象徴であり、いろいろな点で注目に値する。大人の写真がセクシーさを売り物にする一方で、子どもはあどけない顔をした、まだ幼いセレブの子どもたちであり、ブランドを健全で手の届く存在に思わせる、またとないアピールだ。ブランドが四ページにもわたる雑誌の見開き広告で披露したオール・ロサンゼルス・メイドのジーンズとチビTは着る人をホットに見せ、おそろいのワンピースとジャケットを着た子どももかわいらしく見せた。

だがこの写真の背後には、もっと邪悪なものが潜んでいた。

一九九七年の夏、GUESSはニューヨークタイムズ紙とワシントンポスト紙に、「(同社の)

製品は一〇〇%搾取工場フリーを保証します」という、一風変わった広告を掲載した。だが、労働局はただちに広告は真実ではないと反論した。同社は工場を厳しく指導したと主張しているが、下請け業者がマリアのような労働者に、仕事を家に持ち帰って仕上げるよう指示していた事実を検査官はつかんでいた。しかも労働者たちの報酬は時間給ではなく、出来高制で支払われる。つまり労働者は残業分を無報酬で働かされていたことになる。「上司がやってきてこんなふうに言うこともありました。「ＧＵＥＳＳの検査官には、代わりにわたしがタイムカードを押していることは絶対に話すな」[4]」。これは一九九七年、ニューヨークタイムズ紙のインタビューに答えたときの労働者の発言だ。だがＧＵＥＳＳはブランドとしては下請け業者が搾取工場の労働者を使うことは認めていないと主張し、責任を自分たちからサプライチェーンへ転嫁しようとした。カリフォルニア労働局の局長は広告を批判し、ロサンゼルスタイムズ紙に語った。「何をすれば、下請け業者が彼らに嘘をつくのを止められるだろう?」

　スキャンダルの発覚によって、アメリカの製造業は労働者にとってより良い環境を提供しているという神話に、人々が疑念を抱くようになった。一日一四時間、安全とは言えない環境で働く人々によって作られた服の話は、にぎやかな音楽の流れる通りを抜け、大学のキャンパスへと進んでいった。レイジ・アゲンスト・ザ・マシーンの『バトル・オブ・ロサンゼルス』は、一九九九年にダブル・プラチナ・ディスクに認定され、グラミー賞も受賞した。彼らがリリースしたシングル「ゲリラ・ラジオ」の動画は、搾取工場で働く労働者をフィーチャーしており、ビデオはＧＡＰの広告のパロディだ。ブロンドの美女があれこれ服を試着したのち、アメリカン・エキスプレスのカードを置くと、ショッピングバッグを手に、ハイヒールで通りを闊歩していく。次の瞬間、画面はミシンにかがみこむようにして忙しく手を動かしている労働者たちに切り替わる。

当時のニードルワーク組合の広報部長で、インダストリアル・アンド・テキスタイルの従業員であったジョー・アン・モートは、一九九九年、ビデオは効果的だったとワシントンポスト紙に語った。[5]「彼らのCDが発売されて以来、わたしたちの元には、自分たちの買っている服が搾取工場で作られたものではないことを確かめたい、搾取工場を止めるためのキャンペーンに協力する方法を知りたいという若い人々からのメールが相次いでいます。レイジ・アゲンスト・ザ・マシーンという誰もが知るバンドだからできて、そして今も彼らがやっているのは、ファッション業界の一番の客である世代、若い人に、この問題の存在を知らしめることです。わたしたちは、消費者と労働者の絆をとても大切に考えています」

一九九九年から二〇〇一年にかけて、イエール大学からケンタッキー大学、そしてパデュー大学などさまざまな大学から集まった数千人の学生が搾取工場に反対する団体を結成し、大学側に、搾取工場の労働を使ったメーカーの製品を購入しないよう要望した。それ以前、大学の多くは、ナイキ、ギア、チャンピオン、フルーツオブザルームといったメーカーに商品を生産させる契約を結んでいた。だが、いずれのブランドでも九〇年代半ばに、搾取工場を使って生産をしていたことが発覚した。学生たちは総務課のビルを占拠し、大学で取り扱う商品について、反搾取工場主義を採用することを求めた。

一連の動きにより、大学のキャンパスにはいくつかの変化が起こった。組合がある工場で生産された商品を調達しようとする大学もあれば、メーカーに仕事を委託する工場の名前を明らかにし、労働者に生活が成り立つだけの賃金を支払うことを約束させた大学もあった。ただし、大局的にみれば、この動きは次第に勢いを失っていった。ブランドは異議を唱える数千人の学生たちの声を無視し、人々の消費者としての直感に訴えかけ、新しくて流行りの安い服を求める何百万人という人々をターゲットにし続けた。

例えば、フォーエバー21は今も躍進を続けている。同ブランドはロサンゼルスで創立されたが、その理由は創立者のドゥ・ウォン・チャンが「この街で一番いい車を持っている人間は服飾関係のビジネスに関わっている」と考えていたからだ。彼はこの町で稼げると踏んでいた。二一世紀に入ってすぐ、同社はマイクロシーズンのモデルを採用し、低賃金の労働者を雇うロサンゼルスの工場と下請け契約を結んで、一年に四〇億ドルの売り上げを達成した。同社はアメリカのみならず、世界中のすべてのモールに店舗を構えている。そして正直に言えば、同ブランドの服は、一〇代と二〇代前半の間ずっと、わたしのクローゼットの中のレギュラーメンバーだった。

フォーエバー21はＧＡＰやＧＵＥＳＳといった先行ブランドよりはるかに安い価格で、三週間に一度、新しいコレクションを発表しはじめた。二〇〇三年の時点で、デニムのカプリパンツはフォーエバー21では二七・八〇ドルだが、ＧＵＥＳＳでは同様の商品が五〇ドルだ。より速く、より安いコレクションがもたらすのは、もちろん労働者にとってのさらに劣悪な労働条件だ。二〇〇一年には、一九人の縫製工場労働者が、残業手当もなく、劣悪な環境で一二時間労働を強いられたとしてフォーエバー21を訴えた。活動家たちと協力して、移民労働者の権利について研究するヴィクター・ナッロ教授は労働者を支援し、この一件を一般消費者に知らせる内容のチラシを配布した。

フォーエバー21の製品を買わないでください!! わたしたちはロスのダウンタウンにある工場で、同ブランドの服を作っていた労働者です。工場では残業代も最低賃金の保証もありません。汚く危険な工場で、一日一〇時間から一二時間働きましたが、数千ドルの賃金が不払いになっています! フォーエバー21に責任を果たすこと、つまり正当な賃金を払い、法を順守して、労働者の尊厳を尊重する工場を使うという約束をすることを求めましたが、現在の時点では拒否されています! ですがその一方で、同社は四億ドルの売り上げを達成する見込みです! このホリデーシーズンの間、わたしたちと共に、213−747−2121に電話をかけ、賃金を払ってほしい、同社に企業としての責任を果たすように言ってください! そしてクリスマスまでの毎週土曜日、午後三時に、わたしたちと共にハイランドパーク店に集ってください。

後にフォーエバー21は、SLAPP（対市民参加戦略的訴訟）を起こし、ナッロを訴えた。それは威嚇戦略としてよく知られる、企業が名誉を棄損されたとして、相手に法的な費用を負わせままだった。

るやり方だ。結局、ボイコット運動の主謀者と同社は和解したが、和解金の額は明かされない

ある夏の午後、ナッロは電話でわたしに語った。名誉棄損の訴訟は、賃上げを求めて闘う労働者たちを怯えさせるためのものだ。だが、彼らを黙らせることはできない。弁護士が法律的な観点から介入すれば、抗議行動のスピード感は失われるが、労働者とコミュニティ、それぞれが主導する組織の連携に関心が集まる。フォーエバー21に対する抗議活動は、アメリカの人々が搾取工場の被害者から直接話をきいた最初のケースだ。結局、フォーエバー21は安い労働力を使っているという疑惑を払拭することはできなかった。同社の労働力についての認識が広まると共に、ブランドのイメージが低下し、同社とはまったく違うメッセージを発する他社ブランドに、市場に参入する余地を与えた。ダヴ・チャーニーによって創立されたアメリカンアパレルは、一九九七年に本社と生産拠点をロサンゼルスに移した。六年後の二〇〇三年、Tシャツの小売りから始まった同ブランドは、最先端の流行を牽引する商品を作る企業になり、一躍、ファッション界の寵児となった。

二〇〇七年、わたしはニューヨークにやってきた何千人ものティーンエイジャーの一人として、アメリカンアパレルで仕事を得た。ブランドの派手な色のレギンスとトライブレンド（綿、ポリエステル、レーヨン3種混紡の素材）のTシャツは、その年、一世を風靡した。当時、通りに出れば、額にヘッドバンドをつけた若い女性や深いVネックのTシャツを着た青年をいたるところで見かけたものだ。ビヨンセが店に来て、レギンスを二〇着とボディスーツ数枚を買って

いったこともある。ファッション業界を志すものにとって、そこで働くことは一種の通過儀礼のようなものだった。

アメリカンアパレルは生産のプロセスを垂直統合、つまり会社が生産の一部を担うことを売りにしており、仕事を外注せず、服を作る工場そのものを所有した。ファストファッションの世界では珍しい（ただし、のちにＳＨＥＩＮやＺＡＲＡも垂直統合を果たした）やり方だが、チャーニーは自分たちのサプライチェーンにスポットライトを当てるために、垂直統合をうまく利用した。レジには、生産から販売に至るまでの会社の組織図や、工場で働く人たちの写真が貼られ、通りがかりのお金のなさそうな大学生からエドワード・ノートンまで、皆をそこへ誘導するのがわたしの仕事だった。

アメリカンアパレルを世界的に人気にした特徴の一つは、ダヴ・チャーニーが性の活動家を自認し、セクシャルなイメージを前面に押し出したことだ。全米の主要な都市のいたるところに飾られた挑発的な広告では、若い女性がレギンスやレッグウォーマーだけの姿でしゃがんでいる。その中に〈搾取工場フリー〉だとか〈アメリカンアパレルも資本主義も――稼働中〉といった、ちょっとしたメッセージがちりばめられていた。

わたしがトライベッカにある店舗で、セールスアシスタントをしていた二〇〇七年の春、チャーニーは〈ロスを合法に（リーガライズＬＡ）〉というキャンペーンをはじめることにした。それは彼がロビー活動の代替と位置づけるもので、ロサンゼルスに住む移民をすべて合法化せよというキャンペーンだ。それで実際に政策が変わるとは思えないが、ブランドには注目が集まる。翌年、キャンペーンへの関心が高まると、政府はアメリカンアパレルのように移民を雇う企業への取り締まりを強化する姿勢を見せた。当時のカリフォルニア州議会の広報官、ファビアン・ヌーネスはダウンタウンの工場の前に立ち、取り締まりは壊滅的な影響をもたらす、ICE（米国移民・関税執行局）はカリフォルニアから企業を追い出そうとしていると非難した。一方で、工場で労働者たちを虐待したり、脅迫したりすることが差別的だという点を強調しつつも、そこで働いている移民がそもそも違法状態だということには触れなかった。そして移民の雇用に対する政府の姿勢を「被害者の容姿のみに基づく差別的処遇」と述べた。

そのキャンペーンのロゴが入ったTシャツを、かつてはわたしも誇らしげに着た――実は今も着ている。故郷のモールで働いていたときに、ふとした気まぐれでそのシャツを買ったが、当時はまだ、搾取工場が何を意味するかも完全には理解していなかった。というより、どのブランドも大した違いはないと思っていた。わたしが欲しいと思う服を売っている。しかも値段は格安だ。それだけで十分だった。

だがアメリカンアパレルの問題は搾取工場だけにとどまらない。搾取工場フリーを謳う広告には小売店で働くスタッフの写真も載っていたが、彼らもまた、セクハラや虐待の被害者だ。わたしもアルバイトとして採用されるときに、店の裏で、同年代のスタッフに写真を撮られ、アメリカンアパレルで働くにふさわしい容姿かどうか品定めをされるという屈辱を味わった。ハイウエストの真っ赤なバイカーパンツとクロップド丈のTシャツといういでたちで、同じようなストリートファッションに身を包んだ子たちと一緒に、ヒューストン通りで列に並んで撮影の順番を待たされ、名前を呼ばれると、裏の部屋に読み込まれて、写真を撮られた。「ベッドで彼氏を見つめるときの目をしてみて」カメラマンから笑いながら言われたのは忘れられない。のちにその写真は店の奥にあるコルクボードにピンナップされた。

店ではドラッグとアルコールも大いに奨励された。あるとき、わたしがスタッフ用のバスルームに入っていくと、トイレの奥にコカインが筋になって置かれていた。誰かが置いて、誰でも試せるようにしたらしい。従業員は皆、夜通し遊んで、まだ酔いが残ったまま出勤すると、もうろうとした様子で仕事をしていた。大音量で流れる音楽の中、ラックの商品を等間隔に並べるふりをしていると、時々、スピーカーからチャーニーの怒鳴り声が聞こえることもあった。彼はロスの事務所でセキュリティカメラを見ていて、「ラックを移動させろ」「別の場所に立て」といった指示を叫んでいた。時には、商品をただでもらえるときもあった。ただし、条件はもらったものを店頭で身につけることで、それがフロントをジッパーで開閉するボディスーツのときもあった。わたしたちがとまどったり、気まずい思いをしたとしても、そんなことはおかまいなしだ。なんといってもタダだし、わたしたちを魅力的に見せるのだから、チャーニーはいつもそううそぶいていた。

実に不愉快な思い出だ。そのチャーニーがサプライチェーンについての教育をビジネスモデルの一部にするなんて、びっくりするような変わりぶりだ。だがそれは問題の一部であって、実はその先に、彼の思惑が潜んでいる。アンチ搾取工場をアピールすることは、社会正義の輝きでブランドが抱える他の問題を見えなくさせてしまう。チャーニーの言うアンフェアな労働を撲滅する闘いとは、自分の工場で働く人々に払っている賃金の話にすぎない。「資本主義が稼働中」とは、彼がそもそも低すぎる他社の平均賃金よりも、ほんの少しだけ、多く賃金を払っていることを意味している。そしてわずかの報酬で労働者は口をつぐみ、その他の虐待についても耐えることになる。虐待は、工場の労働者にとっては、経営者の気まぐれで安定した仕事が奪われる脅威であり、ショップの店員にとっては、セクシャルハラスメントと身の安全の問題だ。ダヴ・チャーニーのふるまいと性的暴行の疑いは、結局ブーメランのように彼自身に戻ってきた。二〇一四年、アメリカンアパレルはチャーニーを解雇した。だが時すでに遅しだ。わずか三年後、ブランドは全米の店舗を閉鎖、事業のすべてをギルダンに売却し、二四〇〇人の従業員が解雇された。

四年後、チャーニーは、スタイルからマーケティングの手法にいたるまでアメリカンアパレルに酷似したブランド、ロサンゼルスアパレルを率いてファッション業界に復帰し、縫製工場の労働者に対して最低賃金以上の報酬を払うと誇らしげに発表した。ソーシャルメディアが縫製労働者たちの苦境を以前より見える問題にしていたため、当初、消費者たちは透明性の高いブランドを支援しようと、彼の過去のハラスメント疑惑を見過ごすかに見えた。だがやはり今回も裏があった。二〇二〇年、三〇〇人の従業員がCOVID−19の陽性になったことが発覚し、工場は閉鎖された。チャーニーは不適切なことは何一つないと反論したが、従業員の作業のスペースは、感染防止対策として推奨されているプラスチックではなく段ボールで区切られており、ガイドラインもスペイン語に翻訳されていなかったことが、検査官の指摘により発覚した。前述のサンタ・プアックと同様、地域の労働者たちも、同工場（同じ地域にある工場の中では、報酬は抜群によかった）での陽性率の高さを恐れ、仕事を断っていた。何より身の安全が最優先だと考えたからだ。「仕事は山ほどあり、よく知り合いから誘われました」サンタは言った。「でも、お断りです。子どもたちを病気にさせるわけにはいきません」

マリアにも同様の心配はある。それでも安全について目をつぶるのは、アメリカンアパレルの工場が他よりはるかに賃金が高いからだ、彼女は言った。例えばマリアがそれまで働いていた工場では、この一〇年間、賃金が引き上げられたことは一度もなかった。

だが、最低賃金が一〇ドル前後になったにもかかわらず、物価が四倍になったため、彼女の低賃金との闘いは続いた。彼女の話では、ブランドが賃金を低く抑えたがっているのは、他の工場との競争のせいだと上司は言った。ブランドは一番安い選択肢をとる、と。「雇用主に賃金についての不満をはっきり伝えたこともあります。わずか数セントを巡って戦ったことも」。マリアは電話の向こうでしみじみとため息をついた。「雇用主にたずねました……どうすればわたしの仕事にもう半セント払ってもらえますか？」

彼女がもらった答えは冷酷で、法的にも正当とはいえないものだった。

「不満を口にしても、同じ仕事をもっと安い賃金で喜んで引き受ける人間がいることをほのめかされるだけです。当時は子どもが幼かったので、他に選択肢はありませんでした。ベビーシッターを雇う余裕はなく、放課後のプログラムが終わったら子どもを迎えにいけるよう、自宅近くの工場で仕事をする必要があったからです」

これはファッション業界における労働問題の核心だ。経営陣は仕事を求める人の需要が現在有効な求人数を上回っていることを理解しており、最低限の基本的な人権を求める人々に対して、この需要と供給のギャップを利用している。これが数十年にもわたる工場における搾取の原因だ。また組合に所属する労働者を避け、反撃をしない弱い立場の労働者を雇う理由にもなっている。ただしそこで雇われた労働者たちを待ち受けているのは、低賃金との闘いだけではない。マリアによれば、工場の環境は劣悪で、何かと持ち出しになることもしばしばだったという。

「工場では日々の清掃はありませんでした。キッチンや食事をとる場所が汚れていることもあります。食事をする場所を用意してくれない雇用主もいました。そうなると駐車場などの外で食事をとらなくてはなりません。あるいは腰をおろせる一角を見つけて食事を済まさざるをえませんが、足元やテーブルのそばをネズミが走り抜けていくこともありました。工場は不潔で、掃除が行き届いていないからです」マリアは言った。「雇用主はトイレットペーパーを支給しません、石鹼もありません。わたしたちは自分の石鹼やトイレットペーパーを持って、職場にいきます。裁断された布が散乱した床には、ゴミがどんどん溜まっていきます。多くの労働者が食べ物を持って仕事に行き、週に一度の清掃まで誰もゴミを捨てようとはしないからです」

ミシンが故障するときもあった。「もし自分のミシンが壊れたら、雇用主が修理をしてくれるのを待たなくてはなりません。しかもたいてい、修理には時間がかかります。出来高払いで仕事をしている場合、その間は無収入になります」

抗議活動、ミュージックビデオ、搾取工場への捜査、そして守られない約束、数年にわたるさまざまな出来事の中で、マリアと彼女の同僚はロサンゼルスで、一日一二時間働き、週に三〇〇ドルを稼いでいた。それは違法だ。だがブランドは違法行為をやめるつもりはない。「検査官が来たら、工場はすぐに操業を停止し、わたしたちは帰宅させられて、捜査令状を受け取らないようにしていました。査察が入ったら、工場を閉めて、どこか別のところで仕事をすればいいとわかっているからです。別の場所を見つけるのに、二、三日、ときには数週間かかることもあり、その間は仕事ができずに収入がなくなります」

これがロサンゼルスにおいて、労働者の主導する取り組みが、重要になる理由だ。縫製労働者センターや労働者の権利のための組織のミッションは、ロサンゼルスにある低賃金の縫製工場の労働者を組織的に団結させることだ。彼らの先導で、出来高払いの報酬体系を終わらせるための闘いが始まった。やがて二〇二一年に、SB－62が議会を通過したが、それはカリフォルニアの企業が賃金を出来高制で払うことを違法とし、労働時間に応じて、最低賃金を支払うように定めたものだ。

「不法滞在者になることもできる、法的な地位を得ることもできる、アメリカの市民になることもできる。すべてはあなた次第だ。もしこれらの工場で働いているなら、低賃金と搾取の事実をカミングアウトすることができる」。ナッロはさらに言った。我々は〈メイド・イン・アメリカ〉というタグを追い求め続けるべきではない。なぜならさらに多くの法案が議会を通過し、そこで働く労働者の権利が最優先されていることが保証されるまでは、それは何を意味するものでもないからだ。アメリカがより優れているというプロパガンダとしてのラベルを求める代わりに、そのラベルを出発点として、さらに運動を進めていくべきだ。アメリカ合衆国のどこで、誰によって、服が作られているのかを質問しよう。服を作っている労働者が組合に所属しているのかどうか、工場が操業の許可を持っていて、良識のある労働慣習に従っているのかどうか？　メイド・イン・アメリカと銘打った商品を購入するときには、割高な価格と宣伝文句をただ盲目的に受け入れるのではなく、それを作っている労働者が尊厳をもった待遇を受けているかどうかを確かめるべきだ、と。

きっとできる、わたしはそう信じている。SB―62が九〇年代の立法と違っているのは、世間の認識が高まっているという点だ。労働者も自分たちの低賃金について、公に証言をしている。運動の主謀者たちは団結し、州知事のギャビン・ニューサムに向けて、消費者も巻き込んだキャンペーンを行った。

「この二〇年の成果は、あなたのような立場の人々が理解を示してくれるようになったことだ」。わたしがファッション誌で仕事をしていて、搾取工場や労働問題について、普通は口をつぐむ側の人間であることにふれて、ナッロは言った。「現在、一七〇もの団体が声を上げています。互いに連携をとり、ブランドや商工会議所によって作られた言説に対抗しようとしている」。ブランド側の言説は使い古された手法で、人の恐怖心にのみ訴えかけるものだ。例えば、商工会議所も法案によって仕事が減ると主張しているが、それは真実ではない。カリフォルニアは州全体で、アメリカでももっとも最低賃金の高い州であり、雇用率は九三％で安定している。もちろん、アメリカの縫製工場のすべてがロサンゼルスにあるわけではない。ニューヨーク市、テキサス、ワシントン州、他の州にもある。しかし、アメリカ全土の縫製工場で雇用されている二〇万人の労働者のうち、裁断と縫製の作業に関わる五万人はカリフォルニアに集中している。もしわたしたちがメイド・イン・アメリカを搾取工場フリーにして、数十年にわたって延々と引き継がれてきた悪しき習慣を改めようとするなら、カリフォルニアからはじめるのがベストだろう。

縫製工場のフロアは、アメリカにおいて、労働と利益がどのように見られているかを象徴している。組織図の一番下にあるその場所で働く人たちは、トップの人間のために働く機械の中の、取り換えがきく歯車だとみなされている。これが二〇二一年に全米の労働者を急進化させた――。サービスと工場労働者の賃金が一向に改善される見込みがない一方で、経営陣はかつてない高額の報酬を手にしている。格差がますます広がりつつあることをより多くの人々が認識した今、〈メイド・イン・アメリカ〉の意味するところをもう一度考えてみる必要があるだろう。現在の〈メイド・イン・アメリカ〉は、材料やパーツにアメリカ製ではないものが含まれているとしても、アメリカで縫製されたことを意味する。ならば、それを作った人々は、アメリカにおける他業種の労働者と同じ権利を有するのが〝当然〟だろう。だが実態は違う。企業が長年にわたって、契約法と移民を都合のいいように利用してきた労働慣行のせいだ。〈メイド・イン・アメリカ〉は、それを作った人々が、世界中のすべての労働者と同じように技術や価値を評価されていて、尊厳をもって扱われているということを意味するべきだ。

3　ファッション界の #MeToo はどこへ

最初に #MeToo の投稿に気づいた朝、わたしはまだ寝ぼけ眼で歯ブラシをくわえたまま、バスルームに突っ立っていた。そのツイートに目をとめたのは、それが普段、自分の作品を見せびらかす以外の目的でソーシャルメディアに投稿することはない友人のものだったからだ。それ以外の情報は何もなく、ただ「me too」という、わたしたちが皆、日常的につぶやく短い言葉だけだ。なのに、そのツイートには数百ものいいねやコメントがつき、何度もハッシュタグがリピートされている。まるでキャンペーンでもやっているみたいに、無数のアカウントから同じ言葉が発信されていた。いったい何がどうなってるの？　わたしは混乱した。彼女のツイートが何を意味するのか、頭のあちこちをひっかきまわしながら、シンクにためた熱い湯で顔を洗う。その後、ベッドに寝そべり、ツイッターとフェイスブックのフィードをスクロールすると、そのハッシュタグがいたる所にあふれていることに気づいた。わたしがスマホから目を離した数時間のうちに、何かが起こったらしい。やがて次の日になると、新しい〈時代〉がはじまり、数十年にわたって、いかに男たちが何のお咎めもなく欲望のままに自分の権力を振り回してきたか、社会は真実を直視せざるをえなくなった。

タラナ・バークが#MeTooムーブメントをはじめたのは二〇〇六年のことだ。だが、そのフレーズが広く知られることになったのは、二〇一七年、ハリウッド女優のアリッサ・ミラノがツイートし（最初、彼女はバークの一〇年にわたる運動について触れもしなかった）、セクシャルハラスメントに対する関心が全世界的に高まったときだ。彼女のツイートに応えて、数万人の女性が「me too」とつぶやき、元上司から頼んでもいない妙な肩もみをされたり、教師から猫なで声であだ名で呼ばれたり、一二歳の頃、道を歩いていて、男たちに卑猥な言葉を投げかけられたりした時の、恐ろしく居心地悪い気持ちを思い出した。復讐を恐れ、言っても信じてもらえないのではと諦め、心の奥に封印してきたレイプのような忌まわしい経験について語った女性も多かった。若い女性のなかには、もっと長いスカートやゆったりしたトップスを着なさいと言われたことや、自分をいじめた男の子が、それがただ〈男の子のやりそうなこと〉だというだけで許されたことを話す人もいた。ほとんどの人が、地面の下ではそうなっているだろうなと思っていても話題にしてこなかったが、ある日、地球がぱっくり割れて、のぞいてみたら、実際、やっぱり思った通りだった、そんな体験だった。

ウーバーや、アマゾン、そしてグーグルといったＩＴ関連の企業の男性重役は、ショッキングな公開質問状やＳＮＳのポストなどを通して、ハラスメントを受けたと訴える女性からの反撃の的になった。スポーツ界では、勇敢なアスリートが名乗り出て、チームドクターだったラリー・ナサール（二〇二〇年にレイプの罪で終身刑が言い渡された）による、数年にわたる性的虐待について語った。軍隊では、女性やノンバイナリーの人々が、体を触られた、襲われた、虐待された、でも復讐を恐れて、そのことについて話すこともできなかった、あるいは男同士のかばいあいで沈黙させられたという告発が相次いだ。それはたしかにひどい話だ。そして、かつては即キャリアの終了にみえたその種の告発が、世の中の価値観が一八〇度変わって、沈黙させられた人々をいやすきっかけになるかのように思えた。

ハリウッドでは、著名なプロデューサーのハーヴェイ・ワインスタインが虐待の常習者として告発され、何十人もの女優が、レイプやハラスメントなどの被害について詳細に語った。彼のふるまいは、金の力や脅し、あるいはなんらかの条件と引き換えに口外しないという駆け引きのおかげで、これまで表に出ることがなかったが、業界では誰もが知る話だった。それでも彼はセレブとしてオスカー授賞式の最前列に座り、仲間と一緒に声をあげて笑っていた。セレブのなかには、ワインスタインの裏の顔を知っていたものの、彼の企みに同調しなければ自分に影響が及ぶのではと保身に走った人もいた。ワインスタインはオスカー授賞式のようなセレモニーの場でも、一緒に仕事をした女性たちに権力をちらつかせ、レッドカーペットで、当時の妻、ジョージナ・チャップマンがデザイナーをつとめるブランド、マルケッサ（Marchesa）のドレスを着るように強要した。複数のマスコミによれば、ワインスタインは女優のシエナ・ミラーを脅し、二〇〇七年の映画『ファクトリー・ガール（*Factory Girl*）』のプレミアで、マルケッサのドレスを着ることを命じた。[1] 当時はワインスタインの裁量一つで、女優として大成功を収めることもあれば、破滅に至ることもある。プレミアで着るドレスに関してワインスタインの怒りを買えば、望まない結果が待っているのは、誰にも容易に想像できた。

#MeToo が話題になりはじめた当初、かつてマルケッサを着てベストドレッサーに選ばれたセレブたちは、口をつぐんでいた。そのブランドのドレスを着たことで、自分たちの意図しないメッセージを発してしまったことを理解していたからだ。かつてグラマーそのものだったドレスが、圧力、犯罪、恥の象徴となってしまった。だがすぐに明らかになったのは、ブランド自体は何のダメージも受けないということだ。アナ・ウィンターでさえ、チャップマンは永遠に自分の友達だと言って、彼女を擁護する記事を書いた。「過激な誹謗中傷が横行するこのデジタル社会において、ハーヴェイの犯した罪で彼女を責めるのはやりすぎだ」。それが名物編集長の言葉だ。だが、かといって、女性たちの権利とドレスがまったく無関係というわけではない。

それからしばらくして、ファッションの世界にも #MeToo のムーブメントが起こり、セレブたちはファッションが持つ発言力に気づいた。二〇一八年のゴールデン・グローブは、#MeToo が盛り上がった直後だ。なかには、職場でのセクシャルハラスメントの被害者をサポートするための新たな組織、TimesUp を通じて事実を広めようと決意した人もいた。

わたしはエディターとして、この一〇年間、レッドカーペットに関する記事を書いてきた。『ティーンヴォーグ』や『インスタイル』などの雑誌で仕事をしている人間にとって、レッドカーペットは一年のうちでも、企業のウェブサイトに人々の関心が集まる、もっとも重要なイベントだ。ファッション、華やかなセレブ、奇想天外なアイデアといった、読者の大好物のネタがぎっしりつまった特別な五時間だ。そしてわたしにとっては、それは華やかとは程遠い夜だった。いつもたいていパジャマのまま、ラップトップに覆いかぶさるようにして、テレビから流れてくる、どの女優のドレスをどのデザイナーが作ったかという解説をまとめ、エンターキーを押して、記事をアップロードしていた。一晩に一〇から一五本、ドレスの細かな説明の記事を書き、読者の気を惹いて、かつ同僚のエディターにも感心してもらえるような比喩を使った見出しをつける。自分史上一番の出来は、リリ・ラインハートのフロントが短く、後ろが長いドレスを〈マレットヘア〉にたとえた見出しだ。

だが二〇一八年のグローブの夜はいつもと違った。あいかわらずパジャマでパソコンに覆いかぶさっていたものの、もはやドレスについて書くことは何もない。パンチのきいた見出しもなかった。セレブたちは皆、神妙な表情でカーペットを歩き、〈それ〉について聞かれる心構えをしている。皆、デザイナーのドレスは着ている――エミリア・クラークはミュウミュウ、ニコール・キッドマンはジバンシィのブラックドレス。ダコタ・ジョンソンもグッチのブラックドレスで、まばゆい輝きを放っていた。彼女の姿を見た瞬間、椅子から転げ落ちそうになったほどだ。でも誰もドレスについて語ろうとはしなかった。

これにはいくつかの理由があった。まず一つには、職場でのハラスメントに対して抗議し、女性に対して、男性と同等の報酬を求める連帯を示すため、そしてもう一つは、男性の俳優が作品についてきかれるのに、女性はいつもドレスについてきかれることに抗議するためだ。ブラックドレスで参加しなかった二人の女性は、その夜、注目の的になり、タブロイドの格好のネタになった。いつもならさまざまな色であふれる夜が、その日はレースやチュール、スパンコールもない。見渡す限りブラックドレスとスーツの、まじめで厳かな夜になった。

それはハリウッドにとっても、ファッション界にとっても、力強い瞬間だった。だがジェンダーに関する暴力とハラスメントがどれほど深く映画産業に巣くっているかがわかるにつれて、一時の盛り上がりは勢いを失っていった。もっとも立場の弱い人々にとってはなおさらだ。#MeToo と #Timesup のムーブメントが、セレブたちがまとう美しいブラックドレスとスーツが作られる場所に及ぶことはなかった。女優たちが、自分が業績を讃えるために、そのセレモニーに出席するのを非難するつもり――それは、ある意味、相反するメッセージを発することになる――はないし、ファッション界における虐待について、彼女たちに責任があると言うつもりもない。ファッションは、虐げられてきたマイノリティの人々について語るためのきっかけになるはずだった。だが、彼女たちの抗議は結局、パフォーマンスの域を脱することはなかった。ファストファッションからハイブランドまで、働く人の大半が女性で、セクシャルハラスメントや虐待が蔓延するファッション業界にも、ムーブメントが到達することはなかった。

この本を執筆するにあたってリサーチをはじめた頃、わたしはドミニカ共和国在住で、ファッション業界で働いた自分の経験について話したいという女性とメールのやりとりをしていた。彼女は一八歳になった時に、親戚の工場で働く母親を手伝って縫製の仕事をはじめた。

彼女の故郷はかつてデニムの首都として知られた町で、リーバイスなどのブランドが、彼女の家の近くにあるいくつかの工場と業務委託契約を結んでいた。

インタビューの約束を取りつけたとき、わたしはてっきり彼女が、自分たちの安い賃金や劣悪な労働環境について話してくれるものと思っていた。だが彼女の話は次のようなものだった。「工場の環境は劣悪です。けれどこのヴィラ・アルタグラシアでは、それが唯一の選択肢でした。上司が女性の従業員に仕事を与える見返りに、セックスを要求することは日常茶飯です。女性には学ぶことは許されず、進学の機会もありません」。縫製工場で虐待が行われていることは予想していたものの、彼女の話で、わたしはあらためて、それが女性にとってどれほど過酷なものであるかを知った。縫製工場などで蔓延するジェンダーに基づく差別は、工場以外の場所でファッションに関わる人々までも貶めるだけではなく、しばしば命に関わる問題にもなりかねない。暴行やハラスメントの実態は目に余るひどさで、業界が自らの問題に対して、これまでいかに鈍感であったかを示していた。

もう一人は二〇二〇年に電話で話したロレーナという女性だ。ゴールデン・グローブのレッドカーペットで、セクシャルハラスメントに抗議するセレブたちの写真が撮られたビバリーヒルズから、わずか一〇マイルほどの場所にある工場で、彼女は働いていた。

「おしゃれが大好きなの」。ある晩、一日の仕事を終えた後、ロレーナはわたしに言った。「五〇歳になるけれど、年相応の格好なんてするつもりはない。カジュアルな格好をしたいわ」。ロレーナはエルサルバドルで育ち、縫製工場で働いている。二二歳のとき、夫が亡くなり、故郷の工場で働きはじめた。母親と子どもを養うためにお金が必要だったからだ。彼女曰く「ありがたいことに」、工場に一つだけ仕事の口があった。彼女は大きく息をついて、当時を振り返った。仕事は工場で生産された服に〈メイド・イン・エルサルバドル〉のタグをつけることだった。朝四時から夕方の五時、六時まで働いても、一時間あたりの稼ぎは一ドルにも満たず、子どもたちを養うには到底足りなかった。

「食べるものにも事欠く日々だった」彼女は言った。そんなとき、ロレーナはいとこからアメリカの縫製工場で働けば、エルサルバドルで働くより多く稼げるという話をきいた。そこで荷物をまとめ、家族を残してロサンゼルスに向かった。いとこは、自分が働いていた工場に彼女を連れていき、仕事を見つける手助けをしてくれた。ロレーナは裁断からはじめ、やがて自分のミシンを持つようになった。六〇時間働いて、週給は一二五ドルから二五〇ドル、市が定めた最低賃金の五分の一だ。それでもエルサルバドルの工場で働くよりはましだから、今もこのロサンゼルスに残って働いている。

アメリカでの生活について語るロレーナの口調は淡々としていた。だが彼女が最近まで働いていた工場を経営している男の話になると、いきなり語気が鋭くなった。「ノエ、ノエ」。彼女は何度か繰り返した。「そいつの名はノエだ」と。ノエは毎日彼女に嫌がらせをし、休憩時間と引き換えに、デートやキス、セックスを要求してきた。そしてほとんど毎日、太陽の光を浴びることなく、ミシンに張りついて仕事をする彼女にとって、休憩は必要なものだった。

自分と寝れば「もっといい仕事」が手に入る、ノエは彼女にそう告げた。「工場での生活が楽になる」とも。そしてセックスを求めた。ロレーナはしばしば身の危険を感じつつ、彼の不適切な誘いをかわし続けた。工場で働く同僚の多くはノエを避けることができず、〈屈服〉せざるを得なかった。「生きるためよ」。ロレーナは言った。

「ノエ」。ロレーナはもう一度、今度は大きな声で言った。何度も彼の名前を繰り返すのは、もうノエに支配されていないことをはっきりさせたいからだ、わたしにはそう思えた。彼が何をしたかを文章にするとわかっている相手に、確信を持って彼の名前を伝えるのは、男が工場で働く女性たちから奪ったものを取り戻すための彼女なりの方法なのだろう。ノエは仕事中、ロレーナが不快に思っていることなどおかまいなしに、みぞおちや背中に触れてきた。その様子を語る彼女の声は冷静そのものだ。震えもためらいもなく、ただきちんと話をしたいという強い決意が伝わってきた。「何度も「嫌だ」と伝え、やめさせようとした。でも、それでもわたしの部署に仕事を届けに来るたびに、彼はわたしの体をさわったの。「わたしの気持ちも考えて！」そう言ったけれど、何も変わらなかった」

ロレーナは、インタビューの間、終始、しっかりとした口調で、自分が工場で受けた虐待について話してくれた。ただし職場の同僚に自分の経験を話したことは一度もないと言う。#MeToo のムーブメントが女性たちを守る新たなプラットフォームを提供する以前は、多くの女性が仕返しを恐れ、この手の話を心の中にしまい込んでいた。ロレーナも、もし上司についてしゃべったら、自分の身に何が起こるかを知っていた。「話すことはできたとしても、職を失うでしょう」ロレーナは答えた。彼女の立場で何かを言えば、報復が無言の圧力などではなく、暴力や解雇といった現実の脅威となって返ってくることは、縫製工場の誰もが理解していた。すでに安い賃金で働いている女性にとって、仕事を失うのは死活問題だが、マネージャーは何のためらいもなく、その場で彼女たちをお払い箱にした。

ロレーナが服を作っていたブランドも、彼女の味方にはならなかった。「わたしたちの仕事をチェックするのはノエだけです。他には誰もいません」。ロレーナによれば、ほとんどの場合、ラベルを見ることができなければ、自分たちがどこのブランドの服を作っているのかもわからなかった。ブランドはしばしば、服の生産地として、ロサンゼルスなどの都市名を挙げて透明性を主張するが、わたしが取材をした多くの労働者によれば、親会社から人がやってきても、工場の幹部が彼らを連れて回るだけで、直接労働者たちと話をすることはなかったと言う。真実がけっして語られないわけだ。

二〇二一年の四月に話したとき、ロレーナは失業状態にあった。二〇二〇年五月の上旬に、COVID－19にかかり、職を失ったからだ。ロレーナは数カ月の間、家賃を払えず、近隣の慈善団体から無料の野菜をもらって、何とか生活していた。働きたいとは思っていたけれど、再びセクシャルハラスメントを受けるのではと考えてためらっていた。だが、しばらく仕事から離れたことは、自分が工場のマネージャーから受けた仕打ちについて、じっくり考えるいい機会になった。「（次に仕事をするときには）誰にも嫌がらせをされず、尊厳を持って扱われる工場で働きたいと思います」ロレーナはきっぱりと言った。「そしてもし、ハラスメントについて訴える必要があれば、そうするつもりです」

だが、縫製工場で上層部に逆らうのが、とてつもない危険を伴うことは彼女にもわかっていた。わたしたちの会話の一週間前、インド、タミール・ナデュに住む二〇歳の女性、ジャヤスレ・カシラベルが殺害される事件が起こった。ジャヤスレは縫製工場で雇われ、H&Mの下請け工場であるナッチ・アパレルで服を作っていた。彼女の家族によれば、上司にあたるマネージャーはジャヤスレに対して数カ月にもわたるハラスメントを続けたあげく、彼女を殺害し、両親の家に近い農場にその遺体を放置した。男は殺人罪で起訴されたが、両親によれば、彼女は性的暴行も受けていたという。「職場で虐待を受けていると、娘は話していました」。娘の死後、母親は証言した。ジャヤスレは職場で自分の身に何が起きたのかを報告しようとしていたが、会社側は何もしなかった。タミール・ナデュ・テキスタイルとコモン・レイバー・ユニオンによれば、工場のマネージャーたちから虐待を受けていた女性は、ジャヤスレだけではなく、他にも多数いたことがわかっている。[2]

男女問わず、性的虐待の被害者に、もっともありがちな反応は沈黙だ。なぜなら正義や損害賠償の約束は往々にして果たされないことが多いからだ。工場労働者にとってはなおさらだ。報復はただ解雇され、次の職場を探すことになるだけでは終わらない。いくつかの工場では、従業員が激しい暴力や言葉による虐待を受けた例も報告されている。二〇一九年、インド、ピーニャにあるヴァンズ&ノーティカの工場では、セクシャルハラスメントを受けたと、スタッフに労働者がマネージャーを訴えようとした。被害者が公に被害を訴えようとしたところ、スタッフに追いかけられ、殴打された。報告書では次のように記されている。「ゼネラルマネージャーが当該女性従業員を呼び出し、罵倒し、二度と上司の誰にも質問をするなと命じた。彼は彼女を脅し、ブーツを脱いで、そのブーツで彼女を殴りつけた。女性は逃げようとしたが、マネージャーの指示で、各部署の監督の立場にある二〇人の男が彼女を追いかけ、服を引き裂いて、救出に駆けつけた同僚の目の前で暴行を続けた」[3]

この虐待の後、工場で働く十数人の女性たちが同様にハラスメントの被害を訴えようとしたが、無視されていたことも警察の捜査で明らかになった。労働者の多くは、上司に性的な写真を撮られたと言い、仕事中、上司がポルノを見ていたと証言するものもいた。当時、新聞社の記者のインタビューに答えた労働者は、女性たちは意見箱を通してハラスメントについて報告したが、匿名の投書は捨てられ、無視されたと話した。

縫製労働者は、自分たちが服を作っているブランドの従業員としては扱われず、親会社で働く従業員のようには守られない。ジャヤスレの殺人事件の後、H&Mは声明を発表し、この件について調査を行うことを決めた。ありがちなことだが、その手の調査は誰かが犠牲になってようやく行われる。実は二〇一八年、グローバル・レイバー・ジャスティスが、カンボジア、インド、インドネシアにあるH&Mの服を作る工場で働いている女性が日常的にセクシャルハラスメントの危険に晒されているとの告発を行い、H&Mの広報担当者は、工場における製造過程のすべてを見直し、虐待を防止すると語っていた。「いかなる虐待もハラスメントも、H&Mグループの精神に反するものです」と。明らかに同社の見直しは、ジャヤスレの殺人を防げなかったようだ。

上記のH&Mのコメントは、世間の批判の的になりそうな問題を起こすたびに企業が繰り返す、お決まりのフレーズだ。我々は起こったことに耐えられない（チェック！）。社内で調査を行い、結果を報告する（チェック、チェック！）。それで一部の問題は解決する――事件をきっかけに世論の関心が高まると、ブランドは金を出して問題を解決し、過去のものにしようとする。ところが根幹の部分では何も解決していない。したがって被害者となる人々にとっては、すぐにまた同じ問題が起こる。それがジャヤスレのようなケースだ。これは彼女の上司であるマネージャー個人だけの問題ではなく、企業全体の問題だ。

企業と彼らが運営するブランドは、普通、人間なら持っているはずの倫理的な指針（モラルコンパス）を持っていない。継続的な批判がなければ、問題の元凶には触れず、表面的な解決で済ませてしまうことは明らかだ。ジャヤスレの死からすぐに、H&Mは卓越した才能を持つアイルランド人デザイナー、シモーネ・ロシャとのコラボのニュースを発表した。それはモスキーノ、コム・デ・ギャルソン、ヴェルサーチェ、その他のメジャーなハイブランドとのコラボシリーズの中の一つで、H&Mにとって、大きな成功を収めたフランチャイズだ。ハイファッションの民主化、つまり普段なら手が出せないハイブランドを、庶民でも購入できる価格で販売したという点で、メディアの大きな関心を集めた。

二〇二一年に発表されたシモーネ・ロシャ×H&Mのコラボはすばらしい出来で、すべての雑誌がそのコレクションに関する記事を書いた。パフスリーブのブラウスはタータンチェックのパンツによく合う。可憐なオーガンジーのワンピースは、遠い昔、屋根裏にしまい込んだ少々頭の弱そうな人形が着ていた服のリアルバージョンだ。かわいくて、しかもお手頃、これは多くの女性誌の読者にとって完璧なコンビネーションだ。

わたしが『インスタイル』で働いていた時、ファッション・コマースのチームがそのラインについて二つの記事を書いた。一つはコラボについての記事、そしてもう一つは、その購入方法についての記事だ。他の雑誌――『エル』『ヴォーグ』『グラマー』、そして『ハーパーズバザー』――も同様の記事を掲載した。逆に掲載しない手があるだろうか？　コレクションはすばらしい出来で、写真映えする、しかもお手頃な価格だ。数百万人のフォロワーがいるインフルエンサーも、コラボをプロモーションするために、コレクションの服を着た自分の写真を完璧に加工して投稿し、フォロワーにも購入を勧めた。どこをとっても問題になる点は何一つない。わたしもかつては、そのサイクルの一員としてせっせと記事を書いていた。だが、わたしを愕然とさせたのは、コレクション発表のタイミングが、ジャヤスレの殺人が報じられるのと同時だったことだ。世間が美しいワンピース――そのワンピースはジャヤスレのような女性たちが、セクシャルハラスメントと飢えに耐えながら縫い合わせたものだ――に熱狂している間に、ジャヤスレは忽然と姿を消した、そんなふうに思えた。その瞬間、わたしははっとした。レッドカーペットで黒いドレスを着たセレブを称賛する一方で、わたしたちは皆、もっと大きな問題、ファッション業界の本当の #MeToo について、見て見ぬふりをしている。

誰しも、自分自身の問題を見つめるよりは、自分にとって都合のいいものを見るほうが簡単だ。もしかしたらそのタイミングは意図的に計られたものではなかったのかもしれない。だが、結果として、H&Mの新たなコラボレーションが華々しく発表される傍らで、ジャヤスレの死について語ったのはほんの一握りの人だけだった。同社は彼女の家族と示談をして状況を改善することを約束し、メディアはブランドがわたしたちに売り続けている服を作った女性がレイプされ、殺されたという話題から、先に進むことを決めた。

だが、ブランドが意図的に女性労働者の存在を消すのは、今回に限ったことではない。彼女たちの技術、汗、時にはトラウマが縫い込まれた服が、九・九九ドルの商品となってラックにつるされたとたん、それを作った人々の存在はブランドから取り除かれ、彼女たちの処遇に対する批判や責任は誰か他の人間に押しつけられる。そのほうがブランドにとって都合がいいからだ。もしそれらの問題の解決に乗り出せば、長年にわたって業界に引き継がれてきた、より大きな問題を顕在化させることになる。業界で力を持つカメラマンやブランドの重役が権力の座から退くことを余儀なくされてはじめて、彼らのふるまいを非難することが可能になる。彼らがファッション界の「腐ったリンゴ」であることは間違いない。だが、多くの物品の供給者（サプライヤー）で虐待やジェンダーに基づく暴力が起こっていることを鑑みれば、問題は組織的なものだ。縫製労働者と彼女たちが縫いつけているラベルの関係をもう一度考え直してみよう。そのプロセスにはバイヤー、インフルエンサー、ジャーナリストなど、ファッションを愛する人なら誰でも参加することができる。ブランドに、工場との関係を見直すよう促し、労働者の安全を守るために必要な変化を起こすことができる。

二〇二一年五月、ケイト・ハドソンが設立したレギンスブランドのファブレティックス

（Fabletics）は、同社のアフリカの工場でスーパーバイザーによる労働者へのハラスメントが行われていることを『タイム』が報道したのち、当該工場との関係を断つことを決定した。[4] 取材では、一三人の女性が〈検査〉と称して、上司から下着や陰部を見せることを要求されたと証言し、三人はまた違った方法でセクハラを受けたと申し立てた。ファブレティックスは彼女たちの訴えを受け、工場への注文を保留にし、調査を行ったのち、最終的には当該工場との取引を停止した。また、同社はリーバイスやその他の米国を拠点とする大手企業の服を製造する工場で発覚したハラスメントをきっかけに、二年前に結ばれたレソト協定に参加することも表明した。

ファブレティックスの対応は迅速で、理想的なものだ。報告からわずか数時間のうちに、〈Fabletics.com〉を立ち上げ、この事態に断固とした態度で臨んだ。女性のエンパワーメントを目指す同ブランドとケイト・ハドソンにとって、ジェンダーに基づく暴力と結びつけられることは大打撃だ。消費者はこの仕組みを賢く利用することができる。システムを変えるよう公に働きかければ、ブランドがそれに反応する可能性がある。

ただしファブレティックスの一件は問題の根深さを示してもいる。同社は、このハラスメントが起こる以前にも、厳密な監査を行っていると主張していた。にもかかわらず、事件は起こった。そして『タイム』の報道から一年たち、わたしがこれを書いている現在、ファブレティックスのウェブサイトには〈コミットメント〉のリストが掲載されているのみだ。サプライヤーの情報はどこにもなく、労働者の声も掲載されていない。わたしたちにできるのは、S

NSに投稿し、なぜ製造のプロセスを明らかにしないのかとたずねることで、同社に働きかけることだ。また、業界におけるセクハラの撲滅を目指すモデルたちで結成された〈モデル・アライエンス〉や、ファッション界のジェンダーと公正な労働環境について啓蒙を促す非営利団体の〈リメイク〉なども頼りにできるパートナーとなりうるだろう。企業に自らの約束を実行させる必要がある。もしファブレティックスが、女性が最高の自分になることを応援し、自分たちが作ったレギンスをエンパワーメントの象徴として売り出しているならば、そのポリシーを守らせるべきだ。そして消費者として自分が愛用している製品を作るすべての企業に、同様の要求をしよう。

一般の消費者からの働きかけはきわめて有効だ。ジャヤスレのケースでは、H&Mは最終的にジェンダーに基づく暴力を防止するトレーニングの導入と、ハラスメントを受けた労働者が匿名で報告できる体制の構築に同意した。これらが実現したのは、労働者の求める変化に対して、消費者が支持を表明したからこそだ。

4　それ、ほんとに自分で選んでる?

二〇一八年の朝のことだった。あわただしく出勤の準備をするわたしのもとに、友人のマディソンからメッセージが送られてきた。「グッドニュース、電話して」。わたしは仕事の合間にコンデナスト・世界貿易センターのオフィスの小さな会議室を見つけ、彼女の番号を打ち込んだ。「びっくりよ」マディソンは電話に出るなり言った。「プリティリトルシングのキャンペーンに選ばれたの」。興奮気味の声で、その週のうちにロサンゼルスに行く、そして数人のモデルと一緒に、同ブランドの国際女性デーのキャンペーンに参加すると言う。その二、三カ月前、マディソンはわたしの依頼で、ある記事を書いた。ファッション業界では体の不自由な人の存在がないという内容だ。「ほとんどの服は立っている人のために作られており、わたしのように一日中座っている人にとって、お世辞にも着心地がいいとは言えない。ハイウエストのパンツはおなかの前でしわになってたまるし、短いドレスはハプニングが起こるのを今か今かと待っている」。記事は、最後にこんな言葉で結ばれていた。「ふと気がつけば、わたしのような人はデザインの地平からはじき出されている」。プリティリトルシング(PrettyLittleThing)のマーケティング部門で働く人がその記事を読んで、マディソンに最新のキャンペーンに加わって、多様な女性たちに向けてのプロモーションに協力してほしいと依頼してきたのだ。マディソンにとっても、そして同じくハンディキャップを持つ仲間にとっても、モデルの仕事の依頼は願ってもないチャンスだ。おまけに一緒に仕事をする相手は、世界中で人気急上昇のファストファッション・ブランドだ。

プリティリトルシングを経営するのは、億万長者の兄弟、ウマー・カマニとアダム・カマニだ。二人は、ムハマド・カマニの息子で、二〇〇六年にブーフーグループを立ち上げ、二〇一六年に同社の株の大半を取得した。それからわずか四年後の今、SNSをスクロールすれば、社交界きっての名家の子息として二人の姿はそこかしこに見つかる。いかにも仕立てのよさそうなスーツを着こなし、どこだかわからないレッドカーペットに立っている写真、ゴルフコースで友人たちとひざまずいている写真、もちろん、腕組みをして車の前で気取ってポーズをきめている写真もある。彼らのブランドはあっという間に人気を博し、パリス・ヒルトン、ソフィア・リッチー(ライオネル・リッチーの娘)、カイリー・ジェンナーといった、友人のセレブたちがSNSで商品を勧めはじめた。彼らのビジネスの法則は父親のブランドのそれと似ている。トレンドの服を、すばやく、低価格で売ることだ。だが、マーケティングの手法は少し違う。きらきら輝くカクテルドレスをまとうセレブや加工山盛りのインフルエンサーに加えて、同社はマディソンのような活動家を前面に出して、社会正義を強調したマーケティングを行っている。

「キャンペーンに参加するのが夢だった。若いときは雑誌を見ることもなかった。わたしのようなモデルは出てこないし。ハンディキャップを持つ人たちの声を代表したいと思っていたけれど、どのブランドもわたしを採用してくれなかった」。出発前、マディソンはわたしに語った。だが、マディソンが撮影スタジオに到着するやいなや、ブランドが、体が不自由な女性としての彼女の想いなど、これっぽっちも気にしていないことが明らかになった。彼女をそこに呼んだのは、多様な人にブランドにアクセスさせるためだ。マディソンによればこうだ。

「撮影のハッシュタグは〈#everybodyinPLT〉だった。でもセットに入ると、スタッフが指示をはじめた。「オーケー、じゃ、きみはこれを着て、きみにはこれ」っていうふうに。わたし以外の全員にね。わたしのための衣装は用意されていなかった。そのとき黒のブーティーとレギンス、スポーツウェアのタンクトップという格好で撮影に行ったのに、彼らはレギンスとブーツも変えようとしなかった。訳がわからなかったわ」

撮影の間、マディソンは自分に起きていることについて、何も言うまいと心に決めていた。自分と同じ境遇にある仲間に光をあて、力づける存在になりたいという思いが、彼女にアンフェアな沈黙を強いていた。「これはもろ刃の剣だと思った。わたしは自分自身について知ってもらいたい、なぜならブランドにわたしのようなモデルの扱い方について知ってもらう必要があるから。でももし、わたしを使うことに負担を感じさせたら、車椅子に乗ったモデルには、もう二度と声がかからなくなる」。その瞬間について語る声に、苦悩が滲んでいた。マディソンは、例えば車椅子で乗れるタクシーなど、彼女が基本的な人権を守るために必要な何かを要求したときの人々の反応を、「まるで〈プリマドンナ〉でも見るよう」と表現した。

撮影中、マディソンをメイクしたメイクアップ・アーティストは、彼女の様子から何かを察したのだろう。自分にも車椅子を使っている親戚がいるが、ブランドは自分たちが雇ったモデルに必要なものを提供する義務があると言った。それこそ、マディソンが主張したいことだ。だがマディソンにはできなかった。ここで口を開けば、自分の仕事だけでなく、ほかのハンディキャップがあるモデルたちの将来の仕事をつぶすことになってしまう。メイクアップ・アーティストはマディソンに代わって、プロデューサーに状況を説明してくれた。

彼女のおかげで、マディソンは靴とパンツは私物のままだったが、ブランドが提供した「Girl Gang」というロゴの入ったTシャツを着ることになった。「〈#everybodyinPLT〉なんて、まったくの嘘っぱちだと思った。彼らのレーダーは、明らかにわたしの体の上を素通りしている。たしかにあのブランドの服は少しルーズなシルエットだけれど、わたしが着るとさらにぶかぶかに見える。わたしを見て、スタッフが「全然似合ってない」と思っているに違いない、そう考えるといたたまれない気分だった。そんなのはじめて。実際、プリティリトルシングで、よく服を買っていたのに」。その声はモデルに選ばれたときとはうってかわって悲しげだ。きっと写真の中で浮いているに違いないと思いながら、彼女は一日中、ブランドに提供された服を着ているモデルに囲まれ、カメラに向かってポーズをとり続けた。まもなく称賛を浴びることになるであろうインクルーシブ・キャンペーンで、車椅子に乗った唯一のモデルとして、一番前のセンターで。

マディソンがロサンゼルスから自宅に戻って二週間後、発表された写真は、あっという間に拡散された。当時、わたしはまだ『ティーンヴォーグ』で働いていたが、以前なら、主義主張があるこの手の広告は、まっさきに記事に取り上げてきたはずだ。だが、今回は何も書かず、ただマディソンの快挙を喜ぶだけにとどめた。マディソンも、何があったにせよ――自宅に戻ってきた彼女がかいつまんで話してくれた――写真を誇らしく思っていたのは確かだ。ソーシャルメディアのコメント欄を見ていると、多くの人が、ブランドが〝ようやく〟車椅子の人々に関心を示し、彼らのニーズに応えることを称賛していた（つまりそれこそがマディソンが今回のモデルに選ばれた理由だ）。だが、ほとんどの人は、彼女がプリティリトルシングの商品を身につけていないことさえ気づいていなかった。

それから数年たったあとも、マディソンの経験はわたしの心の中に残っていた。わたしたちは二、三度、そのことについて友達ならではの軽口をたたき、ファッション界の愚かな嘘を嘆いた。だが二〇二〇年、パンデミックがファストファッションのサプライチェーンの問題を顕在化させると、ブランドは一斉にパフォーマンス的なアクティビズムに力を入れるようになった。当時、アメリカは何度目かのパンデミックのピークにあったが、それはソーシャルメディアの活動家たちにとっては、これまでに経験したことのない時間だった。ジョージ・フロイドとブレオナ・テイラーが警官によって殺されると、数千人、数万人の人々が街頭で抗議行動を行った。なかにはオンラインで活動に参加した人もいた。どのブランドにとっても、この抗議活動を避けて通ることはもはや不可能だ。消費者はそれぞれのブランドのスタンスについて知りたがっていた。多くのブランドは問題へのコミットメントを約束し、ＢＬＭのような団体に寄付をした。あるいはダイバーシティについての目標を掲げることで、自分たちの考え方を明らかにした。もちろん、それらは重要で必要な変化だ。だが、明らかにどのブランドも、人種的な公正を求めるムーブメントが自分たちのビジネスの最悪な部分にどう関わっているのかについては固く口をとざしたままだった。

マディソンが経験した一日は、ファッション業界におけるアクセス問題の典型だ。多様な身体を持つ女性を広告に登場させることは、ブランドにとって都合のいいビジネスだが、多くの場合、そこに真のアクティビズムは存在しない。サプライチェーンの人々が、どのような虐待を受けながら製品を作っているかを考えれば、それは明らかだ。多くの顧客にとって、ファストファッションを買う理由は、ブランドの道義性に共感したからではなく、どのブランドが自分のニーズにもっともマッチしているかだ。もちろん、マディソンにとって、件の広告に登場し、車椅子を使う人たちが彼女の姿に自分を重ね合わせることは重要だったけれど、それは表面上のことにすぎない。彼女の笑顔の写真の奥にあるのは、ずっと隠さなければと思ってきた自分の体のある部分を公のメディアで見たいというわたしたちの欲求を、ブランドが搾取している具体的な例だ。例えば、わたしの体の二〇％には火傷の痕がある。以前はその火傷の痕を長袖とパンツで隠していた。今、ファストファッション・ブランドのキャンペーンで、同じような傷跡を持つ女性が紹介されているのを見ると、わたしが若い頃にもこんなキャンペーンがあったらよかったのにと思う。なぜならその写真を見ていると、人の体に傷やしみやそばかすがあることは当たり前だと思えるからだ。そのキャンペーンに惹かれて、わたしはブランドを高く買い、商品も買う。けれどわたしが買った服を作ったのは、搾取工場の火事で火傷を負った女性かもしれない。

プリティリトルシングがキャンペーンで祝った国際女性デーは、縫製労働者のための労働運動の一環として創設された。一九〇八年、一四六人もの労働者の命が奪われたトライアングル・シャツブラウス工場の火災を受け、労働時間の短縮と賃金の引き上げを求めて、一万五〇〇〇人の女性がニューヨークでデモ行進を行った。火災の原因については、ミシンのエンジンからの発火、布の中に投げ捨てられた火のついたタバコ、あるいは放火など、さまざまな説がささやかれたが、いまだにはっきりとしたことはわかっていない。ただはっきりしているのは、これほど多くの死者が出た原因は、労働者が休憩をとらないよう、ドアに鍵がかかっていたからということだ。当時、労働者は工場内で長時間の過酷な労働を強いられていたにもかかわらず、それが当たり前になっていた。火災後、被災者を含む労働者たちは、工場に対する規制と労働条件の改善を求めて街頭に立ち、国際婦人服労働組合（ＩＬＧＷＵ）を立ち上げた。現在ＩＬＧＷＵは米国最大の労働組合のひとつになっている。

皮肉なのは、二〇二〇年六月、タイムズ紙の日曜版で、レスターにあるブーフーの工場でプリティリトルシングの服を作っている労働者（ほとんどが女性）について、以下のような報道があったことだ。イギリスの生活賃金は時給八・七二ポンド（一〇ドル）であるのに対し、同工場では時給三・五〇ポンド（四・四〇ドル）しか支払われていない。またマスクは支給されておらず、工場内でソーシャルディスタンスが保たれていないため、ウイルスが蔓延する可能性がある。実際、多くの労働者がCOVID－19に り患した。後日、デイリー・メール紙に掲載された追跡調査では、工場のオーナーが、コストを低く抑えられなければ、ブランドは別の国で労働者を雇うだけだと開き直り、低賃金が事実であることを認めたと報告されている。もちろん、これは工場だけの問題ではない。価格競争のあげく、最終的にそのつけを負わされるのは労働者だ。「注文はひっきりなしで、わたしたちは馬車馬のように働かされています。消費者がオンラインでより多くの物を買うようになったからです」工場で働くある女性は同紙に語った。「つまり、もっと多くの服を作らなければならないということです。体調が悪くても、休むことは許されません。休めばクビにすると脅されます」

SNS上ではすぐに同社に対する抗議の声があがった。ブランドがインクルーシブを吹聴する一方で、その理念を労働者にまで広げていないことを、多くの人が非難した。結局、前述の報道があった数カ月後、ブーフーはタイムズ紙が調査した工場との関係を絶ち、労働法に違反した工場の代わりに、新たに契約を結んだ工場のリストを発表した。ところが残念ながら、すぐにまた、新しく提携した工場にも同様の問題があることが発覚した。今回は、経営者が労働者に一日最低賃金を支払い、本来の賃金との差額を返金するよう強いていたというものだ。内部告発者は二〇二一年七月スカイニュースにこう語った。「マネージャーは「うちの製品は価格が安すぎるから、最低賃金を出す余裕はない」と言っていました」

女性の低賃金労働を利用してきたブランドが、労働者の祝日を利用して女性の解放を祝うキャンペーンを行い、称賛と注目を集めている。それもよりによって、搾取工場で働く女性たちによってはじめられた祝祭日に、だ。彼らは自分たちが販売する服を着ることもない、社会的に弱い立場の女性のイメージを利用したキャンペーンを通じて、一〇〇年以上にもわたって彼女たちが闘い続けてきた搾取の問題から、わたしたちの目をそらしている。買い物をすることで問題に貢献できるかのように思わせながら、実は女性を助けるのとは真逆のことをしている。平等に扱われるための闘いをブランドがどのように利用しているのか、わたしたちは互いに情報をシェアするべきだ。彼らは、けっして実践することのないインクルーシブのメッセージと手頃な価格を提供すれば、わたしたちの購買欲をくすぐり、利益が得られることを知っている。

問題解決にあたって忘れてはならないのは、世間に蔓延する過剰消費に対して自分のお金で対抗するのは、人によって限界があるということだ。「より良いものを買う」というのが、しばしばひとつの対抗策として提唱されるが、これはそのための資金と手段がある人々のためのオプションだ。より良いシステムに投資する手段を持たない人々に、業界全体を正しい方向へ導くための負担を負わせるべきだろうか？　大局的にみた利益のために、誰もが皆、この過剰消費のサイクルから自分を切り離すことができるわけではない。例えばマディソンはこう言った。「わたしの住む地域では、多くの人が社会保障制度で暮らしている。障害者の三人に二人は生涯を通して、貧困ライン以下の生活を送っている。自分自身の命をつなぐための装置や医療にお金を払う保険を維持しなくてはならないから。誰もが倫理的で、自分たちの体にあった服を買う余裕があるわけじゃない」

ファッションに等しくアクセスできるという点に関して、もっとも大きな問題はサイズの選択肢だ。多くのブランドでは、ニーズに応える服があろうとなかろうと、一般的なサイズでない人は無視されている。その事実をファストファッション・ブランドはうまく利用している。ファッション業界が規格外のサイズの人々を排除してきたことで、彼らに市場参入の機会が与えられたのは確かだ。

例えば、エシカルなブランドや小規模なブランドが多様なサイズ展開に消極的であることも、ファストファッション・ブランドはうまく収益につなげている。リフォーメーション（Reformation）などの多くのブランドは、製造のプロセスを透明性の高いものにし、「サステナビリティ」等の話題の言葉を使っているものの、エクストララージの服はほとんど生産していない。ラグジュアリー市場でも、八号以上のサイズを探すのはむずかしい。恣意的な標準サイズ設定に加えて、一つ、二つの例外はあるものの、インクルージョンへの動きはまるで氷河のようにゆっくりで言い訳に満ちている。かつて、このサイズ問題についてエシカルを謳うデザイナーに質問したが、たいていの場合、答えは決まっていた。さまざまなサイズのサンプルを作るのはコストがかかりすぎるというものだ。だが、プラスサイズをコレクションに取り入れている唯一のラグジュアリーブランドのデザイナーの一人、クリスチャン・シリアーノもまた、次のように説明している。「それは努力の問題です。もちろん大変な労力が必要になるため、簡単なことではありません。生産のプロセスも長くなります。多くのブランドが多様なサイズ展開をしないのは、時間、お金、そして資源をかけたくないからです」

ラ・ショーナ・スチュワートは、二〇一七年からファッションの世界で活躍するモデル兼インフルエンサーで、ファッション業界におけるアクセシビリティの問題について、率直な意見を述べることで知られている。わたしが彼女を知ったきっかけは、彼女が靴ブランドのジェフリー・キャンベルとコラボして、プラスサイズのサイハイブーツを作ったことだった。当時、太ももの大部分を覆う、サイハイブーツが大流行し、どこでも誰もが履いていた。この流行には、ポニーテールのポップスター、アリアナ・グランデの影響も大きかったと思う。ファッションエディターだったわたしは、誰がそのブーツを履いているか、そしてどんなふうに自分のスタイルに取り入れているのかについて、何本も記事を書いていたが、そもそもどこでそのブーツを買うかという話題になると、思った通り、市場には穴があった。この手のブーツはほとんどが脚の太さではなく、靴のサイズで作られているため、太ももが太めの人向けのブーツは見つけることができなかった。

ジェフリー・キャンベルがプラスサイズのブーツを売り出す前、ラ・ショーナはブランドから提供された普通サイズのブーツを履いて、ソーシャルメディアに投稿しようとした。だが、いざ写真を撮る段になると、ブーツの筒回りが細すぎて、すぐにずり下がってくることがわかり、結局、ファスナーを開けたまま、撮影を行わざるをえなかった。ラ・ショーナは言った。「黄色いチェックのスカートにブーツを履いたところ、すぐにブーツが下がってくる。できるだけファスナーを引き上げて撮影したけれど、そのことをキャプションに書いたの」。すると、キャプションを読んだブランドのスタッフが、彼女にプラスサイズのブーツのコレクションの制作に協力してくれないかと連絡してきた。コラボは、彼女のキャリアに大きな変化をもたらし、ジャーナリストやスタイリストをはじめとするファッション業界で仕事をする人たちがはじめて、プラスサイズの人々に注目した（歌手のリゾもそのブーツを着用した）。発売後数カ月の間に、ラ・ショーナのフォロワーは数千人から十数万人に増えた。彼女はユニバーサル・スタンダードの全国キャンペーンにも参加し、『デイズド』のトップ一〇〇インフルエンサーコンテストで優勝、期待の新星としてネット上で話題となった。だが、ラグジュアリーファッションの世界では、ラ・ショーナが成功したモデルとして扱われることはなかった。ランウェイを歩いてくれという依頼もなく、トークショーに呼ばれることもなかった。ただ、彼女の起用がいかに画期的なことかだけが取り沙汰された。

「ファストファッション・ブランドと仕事をするとき、いつも葛藤があります。彼らは労働者を搾取している。コンテンツを制作しているクリエイターの報酬も微々たるものです。経費をケチることで、ブランドは莫大な利益をあげている。でも、実際のところ、わたしを雇ってくれるのは彼らだけよ」ラ・ショーナは言った。おまけに、彼女のようなプラスサイズの女性がモデルとして活躍できるサイズの服を作っているのは、ファストファッション・ブランドだけだ。「わたしのキャリアは、経済的な試練の連続でした。細いモデルと同じだけのチャンスはない。そんな状況でブランドが手を差し伸べてきたら、あなたならどうする？」インタビューで彼女はわたしにたずねた。

この問いに対する答えは簡単ではない。ファストファッション・ブランドとラ・ショーナの関係は複雑だ。エシカルでサステナブルを標榜する他のブランドが与えてくれなかったチャンスを、ファストファッション・ブランドは与えてくれた。にもかかわらず、彼女を過小評価し、痩せた白人インフルエンサーより低い報酬しか払わず、SNSでの発信を無償で行うよう求める。

他の多くのインフルエンサーと同様、パンデミックが広がるにつれて、ラ・ショーナのフォロワーも増加した。そしてその見返りとして、彼女はより多くの報酬を得るべきだと感じた。彼女の主張はもっともだ。商品がより多くの人の目に触れれば触れるほど、ブランドに利益をもたらすのだから、その成果が報酬に反映されるべきだ。ラ・ショーナによれば、当初、ブランドは実際に、すでに同意した画像に対しては少し多めに報酬を払ってくれていたらしい。だが、画像の数が増えると、ブランドはコンテンツにこれ以上の報酬は払わない、代わりに無料で製品を送ると説明し、関係を続けるかどうかはラ・ショーナの判断に委ねた。「報酬は払わないが、服は送るから、それを着て、投稿しろということです」。ラ・ショーナはブランドが、彼女の立場が弱いことを知りながら、報酬が生じる仕事から切り離そうとしたと主張した。最初のパンデミックから三年間もたってしまった今、わたしたちは、人がどれほど脆弱なのかを忘れがちだ。黒人の死亡率は他の人種のグループより三倍も高かっただけでなく、経済的な格差も広がった。二〇二〇年七月の時点で、白人の失業率が一四・二%だったのに対し、黒人の失業率は一六・七%だった。

ラ・ショーナの状況は、キャンペーン広告の撮影現場でマディソンが経験したことと似ている。こういった問題は、ブランドが自分たちを利用していると声を出して訴えるという単純なことでは解決しない。ファッション業界には疎外された人々の声を無視してきた長い歴史があり、現状を覆そうとすれば、声さえ失う危険を冒すことになる。「自分が直面している問題について話すときには、慎重にならざるをえません。なぜなら、業界で働く多くの人は、黒人で、しかも二六号や二四号サイズであるために排除され、居場所がない人の話に共感できないから」ラ・ショーナは言った。「わたしたちは与えられるもので満足するしかないのです」

ファストファッション・ブランドは、服を売るためにラ・ショーナのイメージやフォロワーを利用する。だがその一方で、自分たちが雇用する女性やノンバイナリーの人々と持続的な関係を築いたり、変化を生み出すために骨を折ろうとはしない。彼らは一貫して、一緒に働くモデルを、ブランドが多様であることを示すためのお飾りのように考えている。口だけはインクルージョンを唱えながら、けっしてそれを、身をもって示そうとはしない。

ラ・ショーナは何年も活動家をしているが、しばしば発言することで排除されてきた経験を持つ。だが、彼女のまわりに利益や影響力が生じることを知ったとたん、ファッション業界やブランドの人々が自分の話に耳を傾けはじめたと感じている。ばかばかしく思えるかもしれないが、実はこれは効果的だ。サイズが一六号かそれ以上の人たちの存在は目立つ。ほんの数人が加わるだけで、ブランドは注目を集め、称賛され、ひいては顧客の獲得につながる。だが、それがラ・ショーナのようなプラスサイズモデルに強いる負担（＝コスト）は、価格には反映されない。パンデミックの前、ラ・ショーナが得た仕事のほとんどをくれていたファッションノヴァは、ファッション業界でもっとも透明性の低い企業の一つだ。わたしが話をきいた、低賃金で酷使されている女性の多くは、ロサンゼルスにあるファッションノヴァの下請け工場で働いていた。縫製労働者で活動家のサンタ・プアックは、かつて週七日、残業代もなしで服を作っていたが、その重労働こそがどんな人にもそれぞれ自分のサイズにあった服を、ファッションノヴァがすばやく安く提供することを可能にしていると語った。だが、こういった情報は、インフルエンサーのインスタグラムの投稿を通してはまったく伝わらない。

忘れてはならないのは、ファストファッション・ブランドの成功は社会から疎外された人々や低所得者によってのみ支えられているわけではないということだ。企業は消費者の心理につけこんでいる。巧みなマーケティングを駆使してわたしたちの興味を惹き、インクルーシブを求める最善の部分と、木を見て森を見ない最悪の部分とを利用している。そして、マディソンやラ・ショーナのようなインフルエンサーがこの業界で働く上で、もっとも苦悩しているのは、どっちに転んでも、彼女らにとってよい状況にはなりえないことだ。労働者に有害なファストファッション・ブランドと仕事をすることで活動家から非難されるが、どういう形であっても、そのブランドと組まなければ仕事がない。たとえ誰もが知るブランドから何か仕事を依頼されているとしても、だからといって自分たちに悩みがないというわけじゃない、ラ・ショーナは言った。そしてファストファッション・ブランドと仕事をするのをやめろと言う人たちの怒りも感じている、とも。だが、すべてのモデルにとって、選択肢は平等とは限らない。

「ソーシャルメディアで、〈恥を知れ〉というような罵りを目にすることはしょっちゅうです。とくに標準サイズのモデルやインフルエンサーは、ＡＳＯＳやプリティリトルシング、ミスガイデッドなどのファストファッション・ブランドを着るプラスサイズのインフルエンサーを悪しざまに言います」ラ・ショーナは言った。「でも、そう言う人たちは、ほとんどのプラスサイズモデルにとって、それが唯一の選択肢であることを理解していない。体の大きいわたしたちがデザイナーの作る服を着たいと思っても、ブランドはわたしたちのための服は作りません。古着屋を利用しないなら、ベストの選択とは言えないけれど、ファストファッションを着るしかない。古着や委託販売は、ファストファッションより良い買い物方法として紹介されることがよくあるけれど、他の業界と同様、その会話から取り残されている人たちがいる。ブランドが八号以上のサイズを作るようになったのは比較的最近で、プラスサイズの買い物客にとってはヴィンテージの選択肢も限られたものです。サイズがなかったり、流行に左右されたりすることが多い。わたしがインスタグラムでフォローしている、何十軒もの古着屋を見ても、大きなサイズを扱っているところはほとんどありません。明らかに、古着の買い物の世界は小柄な人のために作られているように思えるのに、なぜ大きなサイズが選べると思うのでしょう？」

広告に女性を登場させれば、それで問題解決というのはあまりに短絡的だ。マディソンは、インタビューの最後にこう言った。「インクルージョンとは、単に同じテーブルに座ることではなく、意見を求められ、ブランドのあらゆる側面に受け入れられることです。ハンディキャップのある人や社会から疎外された人々を、服を売るための小道具として利用することではありません」

顧客としては、ファストファッションの消費のサイクルを緩やかにしようと呼びかけるために、さまざまなやり方があっていいと思う。なぜ人がファッションノヴァで買い物をするのか、理由はさまざまだし、買い物をしたからといって、その人を侮辱するのはハンディキャップがある人への差別にもつながる。サイズとアクセスという弱点を利用するのは、ブランドが一見、気にかけているように見える人たちを使って、さらに成長をするための手段だった。消費者同士がいがみあえば、ブランドは批判の矛先が自分たちに向くのを防ぐことができる。わたしたちは業界全体を見渡し、なぜサプライチェーンを通して女性の虐待の上に富を築いてきたブランドがインクルーシブに向けての動きの主導権を持つことを許されてきたのか、その理由を考えてみるべきだ。

メディアにたずさわる者の立場から言えば、これからやるべきことは山ほどある。今後はプラスサイズのモデルが雑誌の表紙を飾るなど、あちこちで「初」の変化が見られるかもしれない。だが、それらを必ずしも額面通りに受けとってはいけない。

二〇一八年、わたしは『ティーンヴォーグ』の九月号の表紙撮影にむけてのミーティングに参加していた。その場には何人か、わたしよりはるかにベテランのエディターもいて、身体についての特集で誰を取り上げるか人選の真っ最中だった。有名な活動家の名前もあがり、わたしたちがその号で発信したいメッセージについて、皆が一致した見解を持っているように思えた。ところが、誰かが「プラスサイズのモデルを表紙に」と言いだした。そのとたん、わたしの向かいに座っていた、その場で一番の権力者である女性編集長が背筋をすっと伸ばして言った。「〈それ〉の話はやめましょ」

「〈それ〉って何ですか?」誰かがたずねたのを覚えている。だが、彼女はただ軽く肩をすくめただけだった。

その場にいたスタッフのなかには、呆れたように互いに顔を見合わせたり、とまどいの表情を浮かべるものもいた。『ティーンヴォーグ』は、ファッションのあるべき姿を変えていこうとする雑誌だったはずだ。非現実的で、女性蔑視も甚だしい基準に対して「くそったれ」と言えと、若者たちを啓蒙し続けてきた。だが、その舞台裏で、批判し続けてきたものを自らが存続させている。プラスサイズモデルも選択肢の一つであるかのようなふりをして、すぐに話題を変えようとした人もいたが、一瞬前の発言によって生じた微妙な雰囲気は最後まで払拭されることはなかった。結局、わたしが推薦した人物は採用されず、その週のうちに、メジャーな事務所に所属する無難そうなモデルが三人、表紙を飾ることになった。そしてその決定について、何か意見を求められることもなかった。わたしは愕然とした。真摯に仕事をすれば、ファッション業界で正当に評価されるべき対象を変えることができる、そう思っていたのに、気がつけば、インクルーシブのゴールからはるか彼方にいた。

その会議で女性編集長がとった態度は、業界のあらゆるところで見られる。デパートでさえ、移動に不自由のある人々を受け入れる構造になっていない。昔は母と二人で買い物に行くのが楽しみだった。だが、ここ数年で母の障害が悪化し、移動には車椅子が必要になった。ある日の午後、メイシーズに行ったけれど、入り口に近づくにつれ、誰かの介助がなければ、母を二重ドアの向こうに通すのは無理だと気づいた。ようやく店内に入っても、車椅子を通路に停めて、わたしが母に見せたいものを店から持っていかねばならない。さらに言えば、もし母が一人で買い物にきたら、ほとんどの棚は高すぎて、どんな品物も手に取ることができないだろう。そう、母にとってはオンラインショッピングのほうがはるかに簡単だ。

大事なのは、広告に自分と似た誰かが登場したことを嬉しく思っても、それが喝采の理由にはならないということだ。広告にさまざまな属性の人を登場させるだけで、褒めたたえられることはない。とくにそれが別の問題の目くらましとして使われているときにはなおさらだ。さまざまな人の声に耳を傾け、多様なサイズとアクセスのオプションを提供するのは、ブランドが当然やるべきことだ。

「ブランドは広告に多様性を取り入れるというアイデアに飛びついたのよね。インクルーシブに見えるし、「わたしたちはこんなにすばらしいことをしているのに、そんなひどいことをするわけがないでしょう?」っていう、いいアピールになる。でもインクルージョンを過大評価することはやめなきゃ。インクルージョンはそれ以下でもそれ以上でもない、当然の行いよ」マディソンはきっぱりと言ってのけた。「インクルーシブでないのは恥ずべきことだけれど、インクルーシブだからといって褒めたたえる必要もない。ただ本来やるべきだったことをやっているだけだから」

5　インフルエンスの正体

ファッションにおける〈影響(インフルエンス)〉は、とらえどころのない概念だ。確かにリンクのクリックやビューの回数で、ある程度、数値化することはできる。だがその特別な〈何か〉によって、誰かが知り合いでもない誰かの装いにいかに魅せられたかを知るのはむずかしい。

わたしが大きなインフルエンスを受けたのは、子役スターからファッションデザイナーになったメアリー＝ケイト・オルセンだ。メアリーは二〇〇〇年代初頭、パパラッチに追い回される文化の一部だった。当時は彼女の写真をいたるところで見かけた。彼女の華奢な体つきは食料品店のレジ前に並ぶゴシップ紙の表紙を飾り、無造作なヘアスタイルはカルチャーシーンで一世を風靡した。黎明期のソーシャルメディアのサイト、Tumblrでは、一〇以上のブログが彼女の着た服をすべて解説し、彼女のファッションについて語るファンのフォーラムもあった。わたしも、メアリーが載っている記事はたとえどんなに小さなものでも切り取って、壁にかけたコラージュに張りつけていた。一〇代前半のときに大好きだったボーイズバンドのポスターが、次々にわたしの新たな熱狂の対象、ファッション界の人々の写真に置き換わっていった。

メアリーの、網目のストッキングにオーバーサイズのフランネルのシャツといった着こなしや、ダウンタウンのレストランやモデル御用達のクラブに行くときのプラットフォームシューズを履いた折れそうなほど細い脚に、わたしはすっかり魅せられた。わたしにとって、彼女は雲の上の人だった。二の腕に着けたバングルやシリコンのブレスレットは、多感なわたしの心に鮮烈な印象を残し、ファッションの好みにも影響を与えた。ある日、メアリーがアメリカンアパレルのグリーンのパーカーに、赤茶色のレザージャケットを羽織った姿で写真を撮られた。パーカーの下から白のシフトドレスがのぞき、茶色のカウボーイブーツを履いている。突拍子もない組み合わせだけれど、はにかんだ笑みを浮かべ、パパラッチのレンズをのぞき込む彼女はなんとも言えずおしゃれに見えた。その写真を見た瞬間から、わたしの頭の中は赤茶色のジャケットで一杯になった。

他人から承認されたい、これは人が誰しも持っている基本的な欲求であり、わたしたちはこんなふうになりたいと思う誰かに惹かれ、文字通り、そのスタイルを〈買う（buy in）〉。とくに一〇代から二〇代前半の思春期には、この憧れがわたしたちを突き動かし、ファッションブランドはそれを利用する。メアリーの着ていたジャケットは、わたしのなりたい姿のすべてを体現していた。おしゃれで、誰からも一目置かれる存在、ニューヨーク北部の片田舎で寒い教室にぽつんと座ったことなどけっしてない人物だ。わたしはそのジャケットに似た商品を探し回った。リサイクルショップのサルベーション・アーミーまで、友人に車に乗せて行ってもらい（自分は車も持っていないし、運転もできなかった）、そこで店の奥のラックにかけられた、たくさんの男性ものの古着のジャケットを次々と手にとった。破れているもの、ボタンがとれているもの、どれもわたしの求める一着には程遠い。欲しいのは、トレンディで体にぴったりフィットするジャケット、もっとも古着でそんなのが見つかるわけがない。

最終的には、ある日の放課後、わたしはスティーブアンドバリーズ（STEVE & BARRY'S）という、やや風変わりな店に行った。店はわたしが住んでいた家から三〇分のところにある、一二万平方メートルほどのさびれたショッピングモールの奥にあった。モールは、チリズやブカ・ディ・ベッポのようなどこにでもある郊外型レストランが並ぶ大通りに面し、問題の店はクリスマスツリーショップの出口の向かい側にあり、店の前の通路にはたくさんのカートが散乱していた。広く開け放たれた入り口のドアには、うねるような独特の書体のブランドのロゴが書かれている。その店構えを見ただけで、けっして高級品を扱う店でないことがわかる。おまけに、当時のファストファッションの店らしく、店内には前の客によって手にとられ、ほうりだされた服が散乱している。当然、すべての商品は常にディスカウント価格で売られていた。

スポーツチームの非公式グッズが五ドル以下かと思えば、ジュエリーの棚には五点全部で一五ドルというセット販売の商品もある。だが、わたしがその店に通うのは、どういうわけかたまに、サラ・ジェシカ・パーカーやヴィーナス・ウィリアムズといったセレブを広告に起用したブランドのコレクションが並ぶことがあるからだ。この日、わたしが店に入ると、女優のアマンダ・バインズがデザインした服が並ぶラックが目についた。当時、バインズは、「ロイヤル・セブンティーン（What a girl wants）」や「アメリカン・ピーチパイ（She is the Man）」といったロマンティック・コメディのヒットで大人気だった。ユーモアのセンスがあり、魅力的で誰もが知る彼女は、ティーンエイジャー向けのコレクションをデザインするのにもってこいの逸材だ。彼女が立ち上げたブランドは「ディア（Dear）」と呼ばれ、二〇〇六年当時、彼女をはじめとする若手女優たちがこぞって着たスタイルが揃っていた。深いVネックのセーター、エンパイアウエストのチュニック、グラフィックサーマル、フード付きのカーディガンが壁にそって、手前から奥までずらりと並び、広告の中のアマンダの笑顔がこちらを見下ろしている。そこでわたしはラックの一つにかかっていた茶色のフェイクレザーのジャケットを見つけた。ディスカウントで一六・九八ドル、金具はシルバーで、軽くて、安っぽく、湿度が高いところに置けばすぐにサビがきそうだ。だが、それでもわたしには完璧な一着に見えた。翌日、メアリー＝ケイトの真似をして、パーカーの上にそのジャケットをはおって友人の家に行くと、最高にクールな一六歳の気分になった。覚えているのは、友人の家の裏庭で、テーブル越しにまっすぐに友人を見つめ、相手の目に映る自分の姿を確かめたことだ。たぶん彼女たちの目には、いつもとちょっと違うわたし、メアリーお墨付きのファッションを身につけ、人からどう思われるかなんてまったく気にしない、自信たっぷりのわたしが映っていたはずだ。

インフルエンサー文化という大きな枠組みの中では、わたしの話はごく当たり前だと思われるかもしれない。おそらく、誰かのスタイルをまねてみた経験は誰にもあるだろう。好きなセレブがジャケットを着ていたら、自分の手が届く値段の似たようなものを買う。そのよさがすでに証明されているからだ。服やアクセサリーにお金を使おうと決める理由には多くの要因が関わっている。誰かが着ているのを見たというのが決定的な理由になることも多い。今もわたしのインスタグラムのフォルダには、気に入ったスタイルの写真が保存されているけれど、そのほとんどがゾーイ・クラヴィッツの写真だ。インフルエンス自体は複雑でもなんでもなく、一〇〇年以上も前からブランドが駆使している戦略だ。だが、それはこの四〇年で完璧なものになった。

ファッション業界のマーケティングは、前述したようなファッションとセレブの相互作用の上に成り立っている。例えば、カイリー・ジェンナーを例に見てみよう。彼女は間違いなく、世界でもっともインフルエンスのある人物の一人であり、その影響力は衣服や化粧品を売り込む力によって証明されている。彼女の化粧品ライン、カイリー・コスメティックス（Kylie Cosmetic）が成功を収める前に、彼女はファストファッションで自らの力を試した。二〇一六年、まだ一九歳だったカイリーは、はじめてインスタグラムに写真を投稿したが、それは驚くほど大きな反響を呼んだ。「ファッションノヴァの新しいデニムに夢中」とキャプションをつけ、モモの絵文字を添えたのだ。数年たった今も、その写真はファッションノヴァのウェブサイトに載っている。窓に向かって座り、肩越しにカメラを振り返るカイリー、肩にかかったつやのある長い髪、件のジーンズを穿いたウエストは限りなく細く、ヒップは大きく、まるでバービーのようにアンバランスな曲線を描きだしている。彼女のファンの多くは、目の飛び出るような値段のフェンディのバッグを買ったり、完璧な照明のある邸宅に住んでいたり、トレイナーやシェフを雇ったりはしない。でも二九ドルのジーンズなら手に入れることができる。テイクアウトの夕食と同じくらいの値段で、おしゃれでゴージャスな気分を味わうことができる。

この投稿のことはよく覚えている。なぜなら、当時はまだ『ティーンヴォーグ』で記事を書いていたからだ。それは大事件――どんな記事を犠牲にしても取り上げるべき大ニュース――だった。なぜならカイリーが何を着るのかで、しかもそれが物議をかもすようなものであればあるほど、何十万ものクリックが確実だからだ。興味深いのは、彼女はただおしゃれな服を着ているだけじゃない、それが広告になるということだ。そして報酬を得る。なぜなら彼女がそれを着ていることがニュースになるからだ。ファッション業界において、大切なのは彼女が持つインフルエンスであり、その他のことはすべて見過ごされる。

カイリーは広告の中で、なぜそのジーンズがそんなに安いのか、何千本も売れたにもかかわらず、なぜまだ在庫があるのかについては言及しない。彼女がその理由を説明することを期待する人も誰もいない。なぜなら安い服を買うことを正当化するのが彼女の仕事で、そのためだけに雇われているからだ。たった五つのワード、はにかんだ笑顔、そして二六〇万の「いいね！」で、カイリーはインフルエンサーが牽引するファストファッションのマーケティング戦略に欠かせない存在になった。

スティーブアンドバリーズでの買い物、そしてカイリー・ジェンナーの広告から数年がたち、SNSについて多くのことが明らかになっても、服を売るために影響力が利用される方法は変わっていない。自分自身のＳＮＳの使い方を考えてみても、その戦略はすでに生活の一部になっている。ふと無意識、かつ反射的に、スマホを手に取る。テレビを見ていて飽きたとき、パスタをゆでるお湯が沸くのを待っているとき、そのちょっとした隙間を埋めるためにスマホを開く。もう寝ようとしているけれど、あと一瞬だけ世界とのつながりが感じられる何かが欲しい。それがなんであれ、親指がアプリに向かうと、脳内に色と手触りがあふれる。美しく、たぶん有名で、たぶんお金持ちの女性、その写真を見ていると元気になる。女性は実に感じがよく、パンツがよく似合っている。キャプションからも、充実した日々を送っていることがうかがえる。パンツもその一部だ。そこで、そのパンツがどこのものか知るために、さらに何度かクリックを繰り返す。

　驚いたことに、パンツは高級そうな見かけの割にはお手頃な値段だ。買ってもいいかも……そんな考えが頭をよぎる。その場ですぐに買わなくても、しっかりと印象に残っている。次の日、鏡の前にいって、クローゼットから取り出したパンツを見ると、スマホのスクリーンに映ったパンツのことが頭に浮かぶ。もう一度検索して、とりあえずカートに入れる。でも他の通知が気になって、さらにクリックを続ける。アプリを次に開いたときには、また別の情報が出てくる。写真の中でモデルが手にするコーヒーのカップが、まるでスポットライトを浴びたように浮かび上がる。おいしそう……やだ……待って……またあのパンツがある。やっぱりいいかも。ところで値段はいくらだっけ？　時給数時間分？　高級レストランの一食分もしない。買えそうだ。いいわ、買おう。わたしはこれをずっとやってきた。あなたもきっとそうだと思う。それが今の買い物の仕方だ。
わたしたちは、影響力のある人々に親しみを覚える。たとえ直接知らなくても、彼女らは日常生活の一部となり、多くの場合、友達同様の親近感を覚えて、彼女たちのセンスを信じ、同じものを着たいと願う。だが、我々の多くは、バレンシアガやルイ・ヴィトンを買うことはできない。だからもっと手頃な価格で手に入れることのできる商品はありがたい。一瞬、これってどう？ と思っても、あのセレブも着ているから、それが言い訳になる。わたしたちにわかるのは、そのジーンズがカイリーにとても似合っていて、彼女がそれを実際にはいたということ、そしてそれが手頃な価格で手に入るということだ。ジーンズを製造しているロサンゼルスの工場で何が起こっているかは知らない。

「まるで豚小屋です。トイレにはトイレットペーパーも石鹸もなく、胸が悪くなる汚さです」。ロサンゼルスのダウンタウンで出会った、縫製労働者センターのサンタ・プアックは言った。彼女が以前働いていたファッションノヴァの工場のことだ。「クビにされたら、ほとんどの場合、給料は払ってもらえません。時には、上司に賃金の半分を取られることもあります」。ひどく罵られたり、濡れ衣を着せられたりしたこともある、彼女の話は続いた。「子どもが病気になって、迎えに行っただけでクビになることもあります。工場で何かがなくなると、すべてわたしたちのせいにされ、給料から差し引かれたあげくクビにされます」。サンタの話では、労働者にはできるだけ多くの服を作るようノルマが課され、ノルマを達成できなければ、病気い。

の子どもを迎えに行ったとか、家族の世話をしたとかといった理由で、解雇されてしまうらしい。

ファッションブランドやトレンドを取り巻く物語には、さまざまな人が関わっている。けれどはっきりしていることが一つある。もしインフルエンサーやセレブの声を叫び声にたとえるなら、サンタや同僚たちの声はささやきで、ほとんど聞こえないほど小さいということだ。彼女たちの物語はひそやかで、耳を澄ませている人たちだけにしか届かない。一方、SNSで見るフィルターのかかった写真や完璧なサイズ感の服が、世間の話題をさらう。それはけっして偶然ではない。さまざまな問題があるにもかかわらず、インフルエンサーがブランドのイメージを方向づけることができるのは確かだ。

では、セレブや〝コンテンツクリエイター〟――有名なTikTokerのエージェントから〈インフルエンサー〉の代わりに、この言葉を使うように言われた――は、コラボやキャンペーンで発揮するこれほど大きな影響力を、なぜ二五ドルのデニムの広告の裏にある悪しき労働慣行を糾弾するために使わないのだろう?

誰か一人のセレブを名指しして、企業ぐるみの犯罪の責任を追及することはできない。けれど、その事実をどう思っているのかたずね、自分たちのギャラを払う資金を確保するために、ブランドが犯している労働法の違反について抗議の声をあげるよう促すことはできる。カイリーのジーンズに関する記事が大きな反響を巻き起こしたように、セレブとファストファッションのパートナーシップはシンプルで効果的な戦略を可能にし、メジャーなメディアで多くの賛同を集めることができる。この手のサクセスストーリーが、ブランドやタイアップを一目置くべきものとして正当化し、その後の購入につながる。

わたし自身も、何十回となく、このシステムに加わった。駆け出しの頃に取材したタイアップは多すぎて、すべては覚えていないほどだ。多くの場合、ブランドを直接取り上げるのではなく、ファストファッションとの関連性をさりげなく盛り込んだセレブとのインタビューの記事だ。確かにアクセスはクリック数を稼ぐために重要だ。だが、それはセレブを華々しく持ち上げる一方で、注目の欠片も与えられない労働者によって作られた服をPRするキャンペーンを正当化するものでもある。想像してみてほしい、自分たちに害をもたらすものが、多くの人々に称賛されているのを見るやるせなさを。しかもそれを称賛しているのは、セレブのほうがより価値があるという理由で、自分たち労働者が得るべき尊敬と時間を与えることを拒否した人々なのだ。

おそらく、こういった矛盾に満ちた話がどのように一般大衆に受け入れられていくのかを示す、もっともわかりやすく、もっとも初期の例の一つが、ナイキのエアジョーダンを巡るエピソードだろう。一九八五年、ナイキはバスケットボールのスーパースター、マイケル・ジョーダンとコラボし、広告にも彼を起用してエアジョーダン1を発売した。当時、NBAの公式シューズはコンバースだった。選手たちはレースアップのオールスターを履き、ハイソックスと短いショートパンツで試合に出場した。七〇年代の典型的な格好だが、そろそろ刷新の時期に差し掛かってもいた。八〇年代は景気が良く、活気のある時代で、選手たちのユニフォームにも、その華やかさは現れた。スポーツ用品の分野でリーボックやアディダスと競うためには、ナイキも何か派手なことをする必要があった。そこで同社はジョーダンに二五〇万ドルの契約を提示した。拒否するのがむずかしいオファーだ。ジョーダンはのちに、自分は愛用するアディダスとコラボをしたかったが、母親からナイキのオファーを断るのは大きな間違いだと言われた、というエピソードを明かしている。そして実際、この契約により、マイケル・ジョーダンとナイキは未曾有の成功を収めることになった。

一九八五年、ジョーダンがはじめてエアジョーダン1を履いてコートに現れたときを境に、ファッション界は永遠に変わった。その瞬間から、ジョーダンは世界のフットウェアに大きな影響を与える存在になった。

すべてのプレーヤーが同じシューズを履かなければならないというルールにもかかわらず、ジョーダンは特注のシューズを履き、その結果、一試合につき五〇〇〇ドルの罰金を科された。だがナイキは罰金を支払い、それをマーケティングのチャンスに変えた。一九八九年のCMでは、ジョーダンがまっすぐに前を見据え、手にしたバスケットボールを前後にトスする姿が映し出されたかと思うと、カメラがゆっくりと足元にフォーカスする。エアジョーダンを履いた足だ。映像と共にナレーターの声が流れる。「九月一五日、ナイキは革命的な新しいバスケットボールシューズを作った」。「九月一八日、NBAは彼を試合から追い出した」。彼の足元がアップになり、二本の黒い線が、エアジョーダンを覆い隠している。「さいわいなことに、NBAはあなたがこのシューズを履くのを阻止できない」。当初、エアジョーダンの販売目標は三年間で三〇〇〇万ドルだったが、結局、ナイキはジョーダン人気のおかげで、一年で一億二六〇〇万ドルを売り上げ、売上総額はさらに伸び続けた。

メアリー＝ケイト・オルセンのレザージャケットやオーバーサイズのバングルのように、セレブのワードローブからファストファッション・ブランドに取り上げられ、大ヒットになる商品がある。また反対に、あるセレブに対するファンの信頼から、製品やブランドまでが信頼を獲得することもある。どっちにしても、このようなインフルエンスは、サプライチェーンにおける労働違反や過剰生産など、不都合なものを覆い隠してしまうほどの輝きを放つ。エアジョーダンの成功は、現代においてもっともよく知られた、サプライチェーンの悲劇の一つだ。

エアジョーダンが発売される直前、ナイキは生産拠点を日本や米国からインドネシアに移し、搾取工場で大幅に低いコストで製品を生産できるようにした。一九八八年、ナイキの下請け工場で働く、タエ・テファとプラタマ・アバディは、〈訓練中の賃金〉だとして、フルタイムの労働に対して一日わずか八五セントしか支払われなかったと訴え、ストライキを起こした。九〇年代には、縫製労働者の権利に対する認識が高まり、ナイキのサプライチェーンにおける不当な扱いが皆の知るところとなった。活動家のジム・キーディが制作した一九九六年のドキュメンタリー映画『スウィッシュの栄光の陰で（*Behind the Swoosh*）』は、ナイキの製品を作るインドネシアの工場で横行する言葉による虐待や暴力、危険な労働環境が描かれ、ナイキの製品を作るインドネシアの工場で働く労働者の日給が、わずか一ドルであることが報告されていた。また同年、『ライフ』はパキスタンのナイキ工場での強制児童労働を告発する記事を掲載した。

その号の表紙には、サッカーボールを縫い合わせる少年の写真が掲載されていたが、ボールの真ん中には、あのアイコニックな流線型のロゴが描かれていた。[1]

ジェフリー・バリンジャーは、『ハーパーズバザー』に、ある女性とのインタビュー記事を執筆した。女性がインドネシアで一足一二セントの工賃で作った靴は一二〇ドルで売られている。「彼女には苗字がない。ただサディサという名前だけだ。そしておそらく、彼女はマイケル・ジョーダンなんて名前もきいたことはないだろう」バリンジャーは述べた。「彼女が夜、テレビの前に座り、バルセロナから中継される、ジョーダンと彼のオリンピックのチームメイトがコートを疾走してダンクを決める姿を見ることはない。だが自分が作っている靴の会社については知っている。この夏、ナイキのロゴはアメリカのオリンピック選手の靴からユニフォームまで、いたるところで見かけるからだ」[2]。記事では全世界が注目するイベントで、ナイキの製品を誇らしげに身につけるアスリートの成功と、何時間もかけてそれを作る女性たちが手にする給料のイメージが並列で示された。同社は何とか言い逃れようとしたが、世論は許さなかった。

当初、ナイキはサプライチェーンを所有していないため、低賃金や強制労働は自分たちの責任ではないと主張し、製造者に事実上の責任を負わせることで対応しようとした。だが、広報担当によるこの対応が悪夢の始まりだった。二〇〇四年、『ハーバード・ビジネスレビュー』でさえ、彼らを「倫理に乏しいグローバル企業の悪しき見本」[3]と呼んだ。誰もが何があったのかを知っていて、工場に批判を向けようとする画策にもかかわらず、同社に対する抗議と怒りが鎮まることはなかった。一九九七年、スタンフォード大学ビジネススクールで同社のCEO、フィリップ・ナイトが講演したときは、講堂で、数百人の学生が何度も何度も大声で叫んだ。「おい、フィリップ、そこから降りろ！　労働者にまともな生活ができる賃金を払え！」。また、ニューヨークでは、何百人もの学生が搾取工場での労働に反対して、マンハッタンの路上でデモ行進し、最後にナイキの店舗に押しかけた。

一九九八年、ナイキの売り上げはわずかに減少に転じたが、ナイトはニューヨークタイムズ紙に次のように述べた。「率直に言って〔つまり、率直には言っていない〕、人権侵害の件がナイキの売り上げに重大な影響を与えたとは考えていない」。その代わり、彼は売り上げ減少の理由として、ファッショントレンドの変化とアジアでビジネスを拡大しすぎたことをあげた。だが、興味深いことに、同年、なぜかナイキは突然、ジョーダンブランドを独立させ、それ以降、同社の利益は右肩あがりを続けた。

マイケル・ジョーダンは、昔も今も愛されている比類なき偉大なスターだ。彼がプロデュースした靴を誇らしげに履くこと自体は悪いことではない。むしろそれこそがファッションのあるべき姿と言えるだろう。エアジョーダンのスニーカーは、多くの人が集めたり、身につけたりするコレクターズアイテムで、単なる靴以上の意味を持っている。二〇一五年、映画『スニーカーヘッズ（*Jordan Heads*）』の監督兼脚本家、カルバン・ファウラーは、ニューズウィーク誌に対して、この靴のことを〈大志の象徴〉と表現した。「これを履くと自分が特別だという気になる、まるで歴史の一部であるかのようにね。靴は自分が創っていく歴史、履くことのできる歴史だ」。実際、エアジョーダンはすばらしいスニーカーだ。わたしもこの五年間、メタリックコッパーのリフトアップを履き続けている。

大手メディアの報道とジョーダンの高まりゆく名声と経済的成功の栄光の陰に隠れ、大人気のスニーカーをおぞましい環境で作る人々の話が注目を集めることはなかった。スニーカーショップの外に列をなして、ジョーダンが生み出したブームに乗り遅れまいとする客がいる一方、工場の裏側で何が起こっているのか、真実を暴こうとする活動家もいた。どちらの声が大きかったかは想像に難くない。

メディアに出るときは、ジョーダンはファンと同じく、問題から距離を置いた。一九九六年の記者会見で質問をされたときも、〈すべて〉の状況を知っているわけではないと答え、次のように述べた。「〈すべて〉を知る必要があるだろうか？　わたしは自分の仕事をするまでです。それがなんであれ、ナイキが正しいことをすると信じています」[4]

企業の罪は、すばやい責任転嫁によって、しばしばうやむやにされる。大きな責任がありながら、誰も責任を取らない。搾取工場で、自分たちの名前を冠した製品が作られているのは、マイケル・ジョーダンやカイリー・ジェンナーが悪いせいだろうか？　いや、違う。彼らがその製品を発注したわけでも、生産体制を整えたわけでもない。だがインフルエンサーやセレブは、広報の危機や悪質な労働慣行から目をそらしたり、それらを覆い隠したりするためにしばしば利用される。「ナイキは正しいことをするし、進み続ける」。そうジョーダンが言えば、ジョーダンのファンはそれを認める。ナイキは最終的に、最低賃金の支払いと工場に関するより高い透明性の確保を実現したが、そこにたどり着くまでには、実に四年近くの年月を要した。

その間にも、ジョーダンブランドは、親会社の評価から切り離されたところで、成長し続けた。一九九八年、同社の決算報告書によれば、競合するブランドの売り上げが前年比で四〜一七％減少したのに対し、ジョーダンは約五七％増加したと伝えられている。[5]この事実が示すのは、ブラックな側面が露呈しても、マイケル・ジョーダンの人気は衰えない、いや、それどころかさらに高まっているということだ。

ジョーダンブランドの不可解な成長ぶりを強調した報告書の最後に、ナイキは一つのセクションを割いて、企業責任に関する新たな取り組みについて強調した。慈善事業への貢献や多様性を奨励する取り組みと共に、工場で改善されるべき点として、六つのあまり具体的とはいえない目標も掲げた。第三者による監視体制、最低就労年齢の引き上げ、安全衛生基準の強化、労働者の教育拡大、融資制度の創設、労働者との対話の促進などだ。約束の最後を、同社は以下のような言葉で結んでいる。「我々は、これらの約束の実現に向かって、真摯に取り組んでいます。ゴールはありません。目指すところは継続的な改善です」。心洗われる率直なコメントだ。そして悲しいかな、はからずも、それは実に正確な表現だった——ブランドは改善し続ける、なぜなら問題が根本的に是正されることは絶対にないからだ。

それから二二年後の二〇二〇年、長い年月と技術の進歩のおかげで、ナイキのサプライチェーンに関して、新たに世間を騒然とさせる事実が明らかになった。ワシントンポスト紙の記者が、ナイキのスニーカーを製造していた中国・青島の靴工場を訪れ、その工場でウイグル人の強制労働が行われていることを報じた。「有刺鉄線や監視塔、監視カメラ、専属の労働者が配置された工場は、まるで刑務所さながらだ」[6]

また、労働者たちが自分たちの意思で来たのではなく、帰ることも許されないと話したとの報告もされている。だが、もっともメディアの話題をさらったのは、ジョーダンブランドがその年、四五億ドルを売り上げたというニュースだった。

ジョーダンがナイキの顧客に与えた影響は、彼がブランドにもたらした総額だけではなく、最初のスニーカーが発売されて以来、数十年の間にどのようにインフルエンスが進化し続けたかという点でも注目に値する。二〇一〇年一〇月、クリエイターのケビン・シストロムとマイク・クリーガーが、イメージファーストのプラットフォームを目指して作ったインスタグラムは、瞬く間に人々が自分のスタイルを収益化し、ファッション界における権威を獲得するためのプラットフォームとなった。インスタグラム以前のSNSは、例えばフェイスブックやマイスペースに友人がいるといったような、相互のつながりのために存在していた。だがインスタグラムでは、人々は自分自身のショーのスターになることができ、自分の写真や完璧にコーディネートされたスタイルを売り物にすることができるようになった。そこでやりとりされるのは「いいね！」や「フォロー」をもらうためのコンテンツで、誰かとつながるためではない。その後の六年間でインフルエンサーはパワーを獲得してスターになり、膨大なマーケティング予算を持つファストファッション・ブランドにもチャンスが訪れた。

二〇二一年、中国を拠点とする超ファストファッション・ブランドＳＨＥＩＮは、自社のソーシャルメディアチャンネルで、若手デザイナーのためのファッションコンテストを開催すると発表した。審査員に名を連ねたのは、ファッションデザイナー、雑誌編集者、大手スタイリストなどだ。インフルエンサーのアカウントのフォロワーたちによる反応はすばやく、審査員がショーに参加することや、そもそも問題の多いブランドにさらなるプラットフォームを与えることに多くの批判が集まった。創業以来わずか数年で、ＳＨＥＩＮは複数の独立系のアーティストからデザインを盗用したとして一度ならず訴えられている。他にもイスラム教の礼拝用敷物を装飾品として販売した、搾取工場を使って衣服を過剰生産していたなどと非難されたりもした。ネットの片隅で、搾取工場やファッションロスについて語られることはあっても、これほど大々的な反発を買うのは珍しい。あまりに露骨な広告に、それに関わるセレブたちのファンも、見て見ぬふりができなかったようだ。

ＳＨＥＩＮが若手デザイナーのデザインを盗用したという指摘は、この発表の前にも何度かあったし、アーティストに少額を還元することで何とか罪を帳消しにしている。だが過去の作品を盗用したことについては、正式な謝罪もなく、慰謝料が払われることもなかった。もちろん、もうおわかりだろうが、安く早く服を作るということは、労働者に大きな負担がかかるということだ。二〇二一年の後半、パブリックアイ・チャイナのティモ・コルブルナーによるレポートでは、中国の番禺地区にあるナンカン村で、ＳＨＥＩＮの従業員に対して行った覆面調査の結果を特集した。この村の産業は、ＳＨＥＩＮの工場だけだ。調査員は、工場で働く人々が、中国の法定労働時間である週五六時間をはるかに超え、週七五時間にのぼることを突き止めた。また、工場には非常口もなく「もしそこで火事が起きたらと思うと、ぞっとする」とも述べた。

生活費を稼ぐためには、それだけの時間働くことが必要なようだ。「良い月であれば、手取りで一万元（約一四〇〇スイスフラン）あるが、悪い月ではその三分の一になることもある。残業代は出ない」調査員は報告している。SHEINが工場に発注する一つのスタイルは、一般的に一ロットが一〇〇から二〇〇着程度と少量であることも指摘されている。基本的に、同社は流行をいち早く取り入れ、早く売ることをモットーにしている。そのため、縫製労働者は常に新しいパターンやスタイルに対応しなければならず、より高い技術が求められる。

インフルエンサーやファッションエディターが、このブランドの潜在的な問題点を知らなかったというのは、にわかには信じがたい。もちろん業界の内部にとどまって、現状を変えようとする試みも一つのやり方だと思うが、そこには常に、過剰生産や搾取といった現状を追認して、お墨付きを与え続けてしまう危険もある。

ファッション業界について今、消費者はかつてないほど多くの情報を手にしている。それでも自分自身の欲望に勝つのはむずかしい。服を着ることで得られる高揚感や、まわりに溶け込んだり、外界に対して自分の個性を表現するために、しばしばファストファッションを求める必要があることが事態をより複雑なものにしている。わたしたちが闘っているのは、最新のトレンドを身につけることで帰属意識を高め、まわりに溶け込みたいという衝動だけではない。セレブが勧めているものと似たものを持ちたいという欲求とも闘っている。「わたしたちには皆、本能的な欲求がある」ファッション心理学者のキャロリン・メアーは言う。「まわりに溶け込みたい、帰属したいという欲求です。そして同時に、最高の自分でありたい、自分を高めたいという欲求もある。だから自分が憧れる社会集団に属している人に近づこうとします。ソーシャルメディアはそれを可能にしてくれます。誰であれ、好きな人をフォローすることができ、心の中で、自分がそのグループの一員であると思うことができるからです」

こうして、わたしたちはフォローし、物を買う。そして時にはそのグループに帰属したいという思いのあまり、普段なら自分の信念にそぐわないような行動を正当化したり、見て見ぬふりをすることもある。「〈インフルエンス〉は、現実の世界では絶対に属しえない集団に属するためのとても便利な方法です。たとえそれがバーチャルなものだとしても、何かに帰属しているということは人間の精神衛生にとって良いことです」メアーの話は続いた。だが、ソーシャルメディアのページと現実の見境がつかなくなると、事態はまずいことになる。毎日、インフルエンサーが新しい服を着ているのを見ると、自分にも新しいものがもっと必要だと思うかもしれない。

だが、ちょっと待ってほしい！　セレブやインフルエンサーは自分のワードローブさえ自ら選んでいるわけではないことを、わたしたちは心に留めておく必要がある。インスタグラムの小さな店からシャネルに至るまで、ブランドやショップがインフルエンサーに製品を提供するのは、彼らがそれを身につけて、自分のアカウントに投稿してくれるからだ。なかにはブランドから提供された品物かどうかをきちんと明示するインフルエンサーもいるが、そこは問題ではない。なぜならアイテムを身につけることで、すでにそのブランドの忠実なフォロワーであることを認めることになるからだ。それはファッションエディターであるわたしたちにも身に覚えがあることだ。この一〇年間、わたしは六〇〇本にのぼる記事を書いてきた。ケンダル・ジェンナーやジジ・ハディッドのようなセレブの着こなしを、文字通り頭の先からつま先まで三〇〇ワードで説明するものだ。『インスタイル』で働いていたとき、わたしは冗談で、そのウェブサイトを「ジェニファー・ロペス・ドットコム」と呼んでいた。なぜならウェブサイトの閲覧者は、デニムであれTシャツであれ、ジェニファー・ロペスが着たものなら、とにかくなんでも気に入ってくれるからだ。

自分が好きなブランドやインフルエンサーに対する、わたしたちの見方には認知バイアスがかかっている。皆、好きなものや人に関しては、自分が一番よく知っている、間違った選択などするわけがないと思っている。例えばナイキのエアジョーダンの場合も、いわゆる「恋は盲目」状態だ。ファンは悪い所を見ない。自分が愛するブランドや人なのだから、健全に決まっているというわけだ。だから誇らしげにアイコニックなエアジョーダンを履き、ジャンプマンのロゴの入ったシャツを着る。マイケル・ジョーダンはセンスがあると信じていて、ゆえにナイキもいいと信じているからだ。「ファンは自分の判断が正しいと信じて疑いません。それは宗教や政党を信じるのと同じようなものです」メアーは言った。

この認知バイアスこそが、インフルエンサーの持つパワーの源だ。もしジョーダンが九〇年代に搾取工場について発言できると感じていたら、ブランドにもっと早くその問題に取り組むよう促せていたかもしれない。もしインフルエンサーやセレブが、自分が推している服を作っている女性たちに、ジェンダーや人種的な不平等がどのような影響を与えているかを説明すれば、彼らのフォロワーも、その問題に関心を持つようになるかもしれない。

企業にすべての問題の責任を負わせるのはむずかしい。だが、ファッションは巨大なビジネスで、大きなマーケティングのチーム――そのなかにはわたしたちが話題にするセレブも含む――が関わっており、物語を変える力を持っている。想像してみてほしい、もしもっと多くのセレブたちが、ファストファッションの有害なビジネス慣行に反旗を翻し、活動家たちとタッグを組めば、どれほど大きな力になるだろう？　一般のインフルエンサーの声だけでは心もとなくても、カイリー・ジェンナーのように大きなインフルエンスを持つセレブが悪しき慣習について声を上げれば、変革をもたらすことができるはずだ。少なくとも、危険で搾取が横行する環境におかれた人々が作った服のキャンペーンに参加する前に、ブランドと協力して問題を解決することができるはずだ。

インフルエンスとは責任であり、大きなインフルエンスを持つ幸運に恵まれた人は、それを賢く使うべきだ。すべての問題について口火を切らなければならないとは言わない。だが、もし自分が何かを身につけることで何十万ドルも稼いでいるのに、それを作っている人が一〇〇ドルしか稼いでいないのであれば、そのことについて話すべきだろう。同時にわたしたち消費者もまた、自分たちが愛するインフルエンサーに、ブランドを変えるよう働きかけるべきだと要求することができる。

6　ロゴに隠された秘密

九〇年代後半から二〇〇〇年代前半にかけて放映されたＨＢＯの『セックス・アンド・ザ・シティ』は、登場人物たちのファッションでよく知られている。数十年経った今でも、主人公たちのクローゼットの中身を解説する記事やウェブサイトがあり、インタビューや関連の記事が掲載されている。ニューヨークに不健全な憧れを抱いて育ったミレニアル世代のご多分にもれず、もちろん、わたしにもお気に入りのエピソードがあった。デザイナーのパトリシア・フィールドがコーディネートしたシリーズだ。とくにある回は印象に残っている。「セックス・アンド・アナザー・シティ」〔邦題「やっぱり見た目が大事？」〕というエピソードで、主人公の四人が、混み合うニューヨークのレストランやアパートから離れ、ポルノ女優やセレブリティが集まるロサンゼルスのパーティーで大はしゃぎするシーンの衣装にはうっとりさせられた。フィールドのコーディネートは、それを着る女優よりむしろ人々の関心の的であり、エピソードが伝えたいメッセージのメタファーになっていることが多い。このシーンでは、偽物のデザイナーズバッグが小物として使われ、登場人物たちがニューヨーカーらしい倫理観はそっちのけで（ニューヨークのスモーカーはタバコを吸っていることを隠したりしない）、でまかせに満ちた日々（ロサンゼルスでは皆、有名人の友達のふりをして、ランチに行く気軽さで整形手術を受ける）を楽しむ様子が描かれている。

その朝、四人で朝食をとっている最中に、主人公のサマンサがフェンディ（FENDI）のズッカのロゴ――一九六五年に故カール・ラガーフェルドがデザインしたもので、二つのFが向かい合わせに配置され、四角形を作っている――が入ったバケットバッグを取り出す。メインキャラクターのキャリー・ブラッドショーは、友人の高額の買い物にショックを受けて叫ぶ。「まさか、うそでしょ！」現実的なシャーロットもため息をつく。「三〇〇〇ドルはするわよ」。だがサマンサはしたり顔でうなずく。「あるいは一五〇ドルかも。フェイクよ」。彼女はそのバッグをサンフェルナンド・バレーでハイブランドの偽物を売る男から買ったことを告白する。

次のシーンでは、夜、サマンサがフェイクのフェンディを誇らしげに抱え、プレイボーイマンションで行われたパーティーに出席している様子が映し出される。だが、部屋を歩き回るうちに、サマンサはバッグをどこかに置き忘れる。ここでバッグのメタファーがクローズアップされる。彼女はプレイボーイのバニーガールが小脇に抱えた本物のバッグを自分のものと勘違いし、それをひったくって叫ぶ。「わたしのよ！」騒ぎの中、登場した本人演じるヒュー・ヘフナーに、サマンサは必死に訴える。「中を見て。内側に〈メイド・イン・チャイナ〉と書いているはずだから」。ヘフナーがバッグをひっくり返すと、そこに書かれているのは〈メイド・イン・イタリー〉の文字、つまり女性の持っていたバッグは本物だった。フェイクを持っていたことが皆にばれ、恥をかいたサマンサはいたたまれなくなり、このエピソードの教訓が明らかとなる。

わたしがいつもこの〈デザイナーズバッグの寓話〉をおもしろいと思うのは、なぜフェイクのバッグが悪いのかというもっとも興味深い部分にまったく触れていないからだ。中国製だから？　でも中国以外のどこの国にも、きちんと運営されている工場もあれば、搾取工場もある。偽物を持つということは、そのバッグにいくら使ったのかを偽ることになるから？　サマンサが言うように「見た目はまったく違わないのに、何が問題なの？」とも言える。フェイクのバッグを持つことは、サマンサについて何を語るのだろう？

偽造品の生産は世界中で行われており、フェンディの本社があるイタリアでも製造されており、子どもをふくむ移民や避難民の強制労働と関係が深いと言われている。二〇〇八年に出版されたロベルト・サビアーノ著『ゴモラ』には、カモーラという名前で知られるイタリアの犯罪組織が高級ファッションの偽造品を製造していたことが詳細に記述されている。著者の説明によれば、工場ではイタリア各地の犯罪組織のリーダーを雇い、移民労働者を連れてきて働かせていたが、その報酬は一日一四時間の労働に対して、たった三ドルだった。[1]

サビアーノによれば、偽物の出来がいいのは、それを作っているのが、かつて本物を作っていた人たちである場合が多いからだ。「かつて大手ブランドの下で働いていた人々が、今はよからぬ集団のために働いている……彼らによって作られたものは〈典型的なフェイク〉ではありません……いわば〈本物のフェイク〉といえるでしょう。足りないのは最後の仕上げのステップ、つまりブランドの名前と親会社からの承認だけです」

すべてのフェイクがこのように作られているわけではないし、騒ぎすぎだという人も多くいる。だが、たとえ一つでもフェンディの偽物を作るために、弱い立場の人々を採用し、彼らを現代の奴隷制ともいうべき状況に追いやっている工場があるとすれば、システム全体を変えようとする十分な理由になる。

購入者からしても、それは詐欺だ。なぜなら誰もがそれがフェイクだと知って、喜んで買っているわけではないからだ。なかには本物だと思っている人もいる。製造過程のデジタル化が進むにつれて、知的財産であるブランド独自のデザインは組織的な偽造団の手に渡りやすくなり、時には鑑定士でさえ見分けがつかないこともある。二〇一六年、ヴォーグ社で仕事をはじめる直前、わたしはマンハッタンで開催される豪華な舞踏会に潜入し、そこにいるセレブやパーティーの雰囲気、取り交わされるゴシップについて記事を書くよう依頼された。なんだかスパイをするみたいで落ち着かない。記事を書くために、そこにいる人々を欺く気分だったからだ。せめて服装で自信をつけようと、パーティーに何か着ていくものを探してクローゼットをのぞいてみたけれど、何も見つからない。当時のわたしはウェイトレスで、「ヴォーグ！」と叫んでいるような服は一枚も持っていなかった。あるのは、リサイクルショップとアーバンアウトフィッターズで手に入れた代物ばかりだ。わたしは早速、eBayで、いかにもライターっぽい黒のジャンプスーツがないかと探した。欲しいのは、ボディの部分はタイトだが、パンツはワイド、つまりイベントにはふさわしい華やかさを備えつつ、取材の邪魔にならない機能的なデザインのものだ。条件を入力すると、画面にまさに理想的なフィリップリムのジャンプスーツが表示された。しかも落札価格はたったの四〇ドルだ。わたしはすぐに、四三・五ドルのオファーを出し、落札した。

二日後、イベントの前日にジャンプスーツは届いた。これを着れば、この一週間感じたことのなかった自信がみなぎるはず……だった。だが箱をあけてみると何かが違う。たしかに見た目は注文した黒のジャンプスーツだけれど、生地が粗末で、タグも斜めに縫いつけられている。最初は、これはよくあること、新品じゃないからしょうがない、そう自分に言い聞かせた。フリマサイトの場合、時には新品だと偽って出品されることがある。わたしはバスルームに駆け込み、ジャンプスーツを試着した。パンツを引き上げ、ファスナーを閉める。初々しいプロのファッションレポーターになった自分を想像しながら。だが、鏡をのぞくと、パンツの長さが左右で微妙に違うことに気がついた。こんな品物がデザイナーズクローズのわけがない。

ファスナーをさげ、もう一度、斜めに縫いつけられた「Phillip Lim」のタグを見て、わたしは偽物をつかまされたことに気がついた。返品しようとしたときには、eBay のストアはすでに閉鎖されており、クレームを言う相手もいない。その服を買うために費やした四時間は、あっさりトイレに流され、後に残ったのは、わたしをあざわらうかのような布の塊だけだ。結局、パーティーにはH&Mで買った服を着ていき、事なきを得た。パーティー会場はうす暗く、シルク・ドゥ・ソレイユのアクロバットアーティストが天井からぶら下がっていた。ウェイターに小さな棒に刺さった肉はいかがと言われ、別の人からはカクテルを勧められた。わたしはまわりの人々と談笑し、ちょっとした軽口をたたきながら、メモを取った。それで仕事は終わりだ。誰もわたしの服装など気にも留めなかった。失ったのは五〇ドルと使えないジャンプスーツを処分する手間だ。

今もなお、偶然、偽造品を購入してしまうリスクは高まり続けている。転売アプリを使えば、偽造品を本物として出品するのは簡単だ。eBayや the RealRealなどのサイトで何千ドルも出してデザイナーズアイテムを購入した人が、品物が届いたときにわたしと同じような思いをしたという経験談は多い。対応に苦慮する転売サイトのなかには、ブランドと提携して、認証プロセスをより安全にしようとするところもある。

一方、デザイナーにとっては、これはブランドの知的財産とイメージの棄損に関わる問題であり、どちらも守るのがむずかしい。二〇一六年、デザイナーのアレキサンダー・ワンは、彼のドメインに似た名前を冠して靴や服、バッグの偽物を販売していた五六の模倣品サイトを訴えて勝訴した。結果として、彼は九〇〇〇万ドルの賠償金を手にし、ウェブサイトは閉鎖に追い込まれた。ブランドのイメージという点では勝訴だったけれど、裁判では労働問題や金銭的な問題は争点にならなかったため、偽物を製造するシステムそのものを変えるまでには至らなかった。

ザ・ファッション・ロー（The Fashion Law）の創設者であるジュリー・ザーボは言う。「大手ブランドは、この手の訴訟を日常的な業務の一環として行っています」。ただ、何千ものウェブサイトを相手に訴訟を起こしているものの、実際は誰が被告なのかわからない場合も多い。

「ウェブサイトから特定したり、場合によってはアマゾンの販売者名やソーシャルメディアのハンドルネームで特定することもあります」。だが、通常、被告はブランドの数歩先を行っており、裁判管轄内に事業所を持たないため、法廷にも出頭しない。例えば、アレキサンダー・ワンが、中国にあるウェブサイトに対して、ニューヨーク州で訴訟を起こしたとしても、被告はどこの誰ともわからず、たいていの場合、訴えられたサイトが閉鎖され、別の場所に移されるだけに終わる。訴訟に巻き込まれるとすれば、それは中間業者、つまり店頭で製品を売っている人々である場合が多い。

二〇二一年、ニューヨーク東地区連邦検事局は、偽のUGG、エアジョーダン、ティンバーランドのブーツなどを輸入し、一億三〇〇〇万ドルを売り上げた罪で、四人を起訴したというニュースを発表した。プレスリリースによれば、被告らは、中国から素材となる商品を輸入してクイーンズの倉庫に持ち込み、そこでコピーしたブランドのロゴや商標を貼りつけて、卸売業者に販売した。米国連邦検事代理のジャクリン・カスリスは言った。「被告人らは申し立ての通り、本物であるかのように見せかけた模倣品を製造し、米国内の購入者に小売価格を一億三〇〇〇万ドル以上と偽って販売した」[2]。司法局はさらに違法業者に「罪を償わせる」とし、偽物が経済に与えた好ましくない影響についても指摘した。

だが、その裁判でもまた、偽造品の流通経路が不透明であることを理由に、裁判所はUGGの偽造ブーツが現代の奴隷制度と結びついている可能性について言及することはなかった。デザイナーが自らを守るために偽造をなくそうと努力するのは良いことだが、問題は、その製品を作った労働者の人権侵害については何の調査もなされず、ほとんど取り上げられもしないことだ。

デザイナーズブランドにはある種の神話がある。手作業で、倫理的に作られているに違いないという神話だ。確かにバッグ一つやドレス一着が何千ドルもするのだから、そう考えるのが当然かもしれない。だが、価格設定（とくにサンダルやサングラスといったエントリーアイテムの場合はなおさら）が、必ずしも労働に見合ったものであるとは限らない。グローバルサプライチェーンの強制労働に対処するためのリソースとして企業や投資家が利用するベンチマークツール、ノウザチェーン（KnowTheChain）が二〇二〇年に発表した報告書では、高級ブランドはサプライチェーンに関する情報を自分たちの財産とみなすため、一般的なブランドより、現代の奴隷制度の温床になる可能性が高いことが示された。「ハイブランドが尻込みしているのは、まさに透明性への取り組みです」。ある日のズームミーティングで、ノウザチェーンのディレクター、フェリシタス・ウェーバーは言った。それは労働問題の活動家の間でもよく話題になることだ。高級ブランドは素材の調達先に関する情報は企業秘密だと主張しながらも、顧客には自分たちの製品や素材は主にフランスやイタリアから入手したものだと伝えている。問題なのは、それが真実ではないことだ。レザーを縫い合わせるのはイタリアかもしれないが、素材はインドで生産されている場合、その情報は表示されていないかもしれない。またイタリア製だからといって、労働者が危険に晒されていないとは限らない。

ウェーバーと話をして、わたしは自分で自分に驚いた。ラグジュアリーブランドを問題視し

郵便はがき

料金受取人払郵便

神田局
承認

7846

差出有効期間
2024年6月
30日まで

切手を貼らずに
お出し下さい。

101-8796

537

【受 取 人】

東京都千代田区外神田6-9-5

株式会社 **明石書店** 読者通信係 行

お買い上げ、ありがとうございました。
今後の出版物の参考といたしたく、ご記入、ご投函いただければ幸いに存じます。

ふりがな お 名 前	年齢	性別

ご 住 所 〒 -

TEL ( ) FAX ( )

メールアドレス	ご職業（または学校名）

＊図書目録のご希望 □ある □ない	＊ジャンル別などのご案内（不定期）のご希望 □ある：ジャンル（ □ない

書籍のタイトル

◆本書を何でお知りになりましたか？

□新聞・雑誌の広告…掲載紙誌名[ ]
□書評・紹介記事……掲載紙誌名[ ]
□店頭で　□知人のすすめ　□弊社からの案内　□弊社ホームページ
□ネット書店 [ ]　□その他[ ]

◆本書についてのご意見・ご感想

■定　価　□安い（満足）　□ほどほど　□高い（不満）
■カバーデザイン　□良い　□ふつう　□悪い・ふさわしくない
■内　容　□良い　□ふつう　□期待はずれ
■その他お気づきの点、ご質問、ご感想など、ご自由にお書き下さい。

◆本書をお買い上げの書店

[市・区・町・村 書店 店]

◆今後どのような書籍をお望みですか？

今関心をお持ちのテーマ・人・ジャンル、また翻訳希望の本など、何でもお書き下さい。

◆ご購読紙　(1)朝日　(2)読売　(3)毎日　(4)日経　(5)その他[新聞]

◆定期ご購読の雑誌 [ ]

ご協力ありがとうございました。

ご意見などを弊社ホームページなどでご紹介させていただくことがあります。　□諾　□否

◆ご 注 文 書◆　このハガキで弊社刊行物をご注文いただけます。

□ご指定の書店でお受取り……下欄に書店名と所在地域、わかれば電話番号をご記入下さい。
□代金引換郵便にてお受取り…送料+手数料として500円かかります(表記ご住所宛のみ)。

書名	冊
書名	冊

ご指定の書店・支店名	書店の所在地域 都・道　府・県　市・区　町・村
	書店の電話番号 (　　)

ていなかったわけじゃない。だが問題視はしていても、手が出せない聖域だと感じていたからだ。ファッションの無駄や止まらないトレンドのサイクルに加担しているという点では、他のブランドと同じなのに、わたしたちはラグジュアリーブランドに対して、ダブルスタンダードで接している。驚いたことに、ノウザチェーンの調査結果によれば、エルメスをはじめとする世界でもっとも権威がある高価なブランドのいくつかは、透明性指数において、ファストファッション・ブランドよりもはるかにスコアが低い。

スコアが低いからといって、必ずしも強制労働を利用しているというわけではない。だが、その数字が、ブランドがサプライチェーン全体の労働者を気遣うよりも、ブランディングや特別感に重きを置いていることを示しているのは確かだ。いくら自分たちは他のブランドより優れていると主張しても、素材から縫製まで、サプライチェーン全体における完全な透明性を確保できなければ、それを証明することはできないからだ。

例えば『セックス・アンド・ザ・シティ』のエピソードで、本物のフェンディのバッグに誇らしげにつけられた〈メイド・イン・イタリー〉のロゴについて考えてみよう。それは、何十年にもわたって受け継がれてきた昔ながらの革工房の技術と高給とりの職人を象徴すると思われている。確かに職人の専門的な技術で作られているかもしれない。だが、だからといって、その職人が祖父の代から営む工房で日々の生活費を稼ぐ、年老いたイタリア人であるとは限らない。例えばトスカーナでは、衣類やアクセサリーを作る工場で推定五万人の中国人移民が働いており、彼らの多くは搾取工場で働きながらハイブランドの商品を作っている。

二〇一九年、ヴィンチェンツォ・カペットという男が〈不法就労と誘拐〉の罪で自宅に軟禁された。彼は、フェンディ、サンローラン、アルマーニなどのバッグや靴を製造していたナポリのモレノ社（Moreno Srl）の代表だ。当局が彼の工房を捜索したところ、妊婦や未成年を含む五〇人あまりの移民労働者が、ロール状の革、山積みになった靴、あるいはバッグの陰に隠れているのが発見された。この件に関して、いくつかのブランドは明確に関与を否定したが、ノーコメントを貫いたブランドもあった。またラグジュアリーブランドのサプライチェーンにおけるもうひとつの問題は、たしかに製品はイタリアで縫製されてはいるけれど、その素材となる革を供給しているのは、しばしば南米、ボリビア、南スーダン、ブラジル、ニジェール、パラグアイといった、搾取労働が問題視されている地域の工場だということだ。

こんな話をすれば、ファッションの未来はひどく暗いものに聞こえる。けれど、見方を変えれば、これは偽造とハイブランドの抱える問題を脈々と受け継いできたファッションのトレンド、ロゴマニアを、わたしたちの手で変えるチャンスだ。ここで言うロゴマニアとは、ただ頭から足のつま先までロゴを身につけることだけでなく、ロゴを崇拝し、高価なものを身につければ、より良い人間になれると考えること、自分らしいスタイリングではなく、ブランド名を通じて、自分を表現しなければと感じることだ。

ステータスを示すためにシンボルを使うという発想は何世紀も前からあったが、現代に生きるわたしたちにとっては、その価値が変容しつつある。かつて家紋は、自らのルーツと社会に功績を誇示するために使われた。それから数百年たった一九八〇年代には、人々は自分のセンスや富を誇示するために、ブランドのロゴを使うようになった。「例えば、グッチのロゴが崇拝されるのは、実はシンボリズムの転移です」。ハーレムにアトリエを構える伝説のテーラー、ダッパー・ダンはニューヨークタイムズ紙の取材にこう答えている。「わたしが子どもの頃、ダイヤモンドや毛皮を持っていれば、それだけで人の目を惹くことができました。だからメジャーなファッションブランドが出てきたとき、気づいたのです。ロゴを使えば、差別化ができる、と。わたしはそのシンボルを自分なりのファッションに取り入れました。ファッションに組み込まれたロゴは燦然と輝きを放ち、ダイヤモンドや毛皮と同じようなインパクトを与えます」[3]

この鋭い洞察は、ブランドのロゴが、ダイヤモンドが象徴するステータスと紋章がもたらすコミュニティへの帰属意識、その両方を取り入れることができることを明らかにしている。それこそが九〇年代にロゴが人気になった理由だ。経済が活況を呈し、高級ブランドのロゴを身につけることが、その時代の流行になった。なぜなら、よりやりすぎ感なく、より自らの富をアピールできるからだ。

シャネルの黒いバッグが示すのは、その持ち主が小さなバッグに五〇〇〇ドルも費やす余裕があり、しかもクラシックなスタイルにこだわりのある人だということだ。トミー・ヒルフィガーを着ているのは、流行に敏感で、文化的な事象やトレンドに敏感な人たちだ。アメリカンブランドは、他のブランドより少し手頃な価格だが、ブリトニー・スピアーズ、アン・ヴォーグ、デスティニーズ・チャイルド、そしてアッシャーなど、二〇〇〇年前後に人気を博したスターたちの御用達ブランドであり、そのスタイルを真似することに意味があった。サマンサがロサンゼルス滞在中に何とか手に入れようとしたフェンディは、ケイト・モスやクリスティ・ターリントンといったスーパーモデルたちのお気に入りだ。それを持てば、シックでエッジのきいたスタイルが完成した。

ロゴマニアは『セックス・アンド・ザ・シティ』を見ている人なら誰でも理解できるコンセプトだ。この番組自体、全六シーズンにわたって、ロゴを推奨している。ハンドバッグのトレンド、例えばブランドの象徴である「D」を生地全体にあしらったディオールのサドルバッグを登場人物のトレードマークにさえした。ロゴ入りのバッグは女子力の証であり、最新の流行について知っていて、その品物を持っているかどうかは、彼女たちのアイデンティティの一部だ。フェイクのバッグはサマンサらしくないけれど、それも自分たちのステータスをロゴによって知らしめたいという気持ちの表れだ。わたしも転売サイトからヴィンテージのシャネルとフェンディを提供されたことがある。バッグはすばらしい作りで、革も上質そのものだった。Cのロゴがついた小さな赤いシャネルを持って出かけたとき、自分が特別な誰か、社会の異なる階層の一員だという気分にならなかったと言えば嘘になる。

二〇〇八年の不況をきっかけに、ほんの一時、全身フェンディでコーディネートするのが粋ではないとされたこともあった。ラグジュアリーブランドの時代は終わった、わたしもそう思った。だが現実にはロゴバッグの人気が衰退することはなかった。その小さなシンボルが醸し出す特別感は何ものにも代えがたいからだ。

さらに言えば、二〇一九年に復活したロゴ人気は、その後、二〇二〇年の不況の際にも衰えることがなかった。ファッション業界は、ロゴを通して、ヒエラルキーを維持してきた。誰もが同じ製品を手にすることができたら、誰もそれを持つことに魅力を感じなくなる。それこそがブランドの商売の種だ。逆に言えば、ロゴに魅力（パワー）がなくなったら、フェイクの世界も少しは変わるだろう。バッグの価値を示すズッカの留め具がなければ、フェンディの偽物にどんな意味があるだろう？

現実的には、ブランドのロゴや独自のデザインから生み出されるパワーはなくならないだろう。一度、グッチのロゴがついた祭壇をありがたく拝んでしまったわたしたちの、資本主義的な考え方をすべてなくすには少々遅すぎた。だが、毛皮に対する反発を見れば、それもいずれは変化せざるをえなくなるかもしれないとも思う。ラグジュアリーファッションの黎明期から、ミンク、チンチラ、フォックスなどの毛皮は、ほとんどすべての冬のコレクションに使用されてきた。毛皮は現在のダイヤモンドと同じように、富と階級の象徴だった。だが、この数十年の間、とくに九〇年代には、PETAのような動物愛護活動家のグループがファッションショーに押しかけ、参加者が着ている毛皮に作り物の血液をかけるなどのゲリラ的な戦術を用いたことで状況が大きく変わった。

二〇〇二年、PETAはヴィクトリアズ・シークレット（Victoria's Secret）のファッションショーで、「ジゼル、毛皮商人の手先」と書かれた看板を手に、ランウェイに駆けあがった。中継はされなかったが、その後何年もファッション界で語り継がれることになった瞬間だ。モデルたちでさえ、この事件にショックを受け、毛皮を販売するブランドと距離を置くようになった。スーパーモデルのジゼル・ブンチェンは、一五年後、ヴォーグ誌のインタビューで次のように語った。[4]「わたしはホイールの中のハムスターだった。ただ決められた場所に行って、エージェントから言われたことをするだけ。自分が世間知らずだったことは認めるわ。あの衝撃の瞬間にはじめて、わたしは走るのをやめたの。彼らはあの動画をわたしに送りつけてきた。何が起こっているのかわからず、パニックになった。だから「きいて、もう毛皮のキャンペーンはやらない」と言った。それでようやくいつもの生活に戻れたってわけ。ある日どこからともなく天の声が降ってくるの。「こんにちは、こんなことも知らないの?」とか「自分の選択には責任を持って」とかね」

ジゼルは二〇年以上にわたり、世界でもっとも人気でギャラの高いモデルの一人だった。だが、活動家たちが率いるキャンペーンのターゲットになった経験は彼女を変えた。そして彼女の行動に、多くのモデルが感化されたことは間違いない。PETAの戦術は常に分裂を引き起こしてきたが、この件に関してはいい方向へ向かった。二〇一八年までに、グッチ、コーチ、ヴェルサーチェ、バーバリー、アルマーニ、ラルフローレン、トミー・ヒルフィガー、マイケル・コース、ヴィヴィアン・ウエストウッド、プラダ、シャネルなどが、毛皮を使った製品をすべてコレクションから削除した。だが依然として革が、彼らの製品の材料の大部分を占めていることは忘れてはならない。

もし人権侵害に対して、毛皮の場合と同様の非難と悪評が巻き起これば、ブランド側にさらなる行動を促すことができるかもしれない。ＰＥＴＡが首謀してもっとも成功したキャンペーンの一つは「毛皮を着るくらいなら裸でいたい」というキャッチフレーズを掲げて、パメラ・アンダーソン、エヴァ・メンデス、オリビア・マンなどのセレブが裸で抗議活動を行うというものだった。それから二〇年後の二〇二〇年、ＰＥＴＡは勝利を宣言し、以後、セレブを使った抗議活動からは手を引くと発表した。毛皮と搾取工場、二つの問題を同列には比較できないが、有害なものを買うこともまた悪いという認識を喚起することで、解決できる問題もあることを示しておきたい。もし同様のエネルギーが労働者を搾取し、虐待しているブランドに向けられたらどうだろう？　ファストファッション・ブランド以外のさらに多くのブランドも、問題についての認識を高めるはずだ。

ただしフェイクについては、事はさらに複雑だ。「偽造の問題に法的な措置をとるためのもっとも効果的な方法は、労働問題からアプローチすることです」ザーボは言う。「もしその製品が実際に違法な環境で作られたことを示すことができれば、それが実質的な突破口になるはずです」。そして通常、法的措置をとることができるのは、製品が国境を通過するのを阻止できるアメリカの税関だけだ、とも付け加えた。だが、それはその場限りの対策であり、場合によっては模造品の作り手たちを用心深くさせ、事態をより見えにくくさせてしまう。製品が港に到着するまでに、すでにさまざまな利益が棄損されている。それらは劣悪な環境で製造され、知的財産が盗まれている。一連の動きが地下で行われれば、より元を絶つのがむずかしくなる。トレンドが変化し続ける限り、より安価な代替品の需要も高まり続ける。ニューヨークやソウルの偽造品市場を歩いたことがある人なら、誰でもそう思うはずだ。

だが、解決策はある。そしてそのヒントはおそらく、もっともダメージを受けている人たちから得られるはずだ。「ITの問題はIT担当者にきくし、パンが欲しければパン屋にいく。だが労働問題を解決したいとき、誰も労働者にきこうとはしません」ウェーバーは言う。結局、偽造問題の解決策は多くの場合、法廷で、最後に事件について知る人、つまり弁護士によってもたらされるという事実からもわかるように、偽造の世界は労働者にとって危険であり、名乗り出れば命の危険に晒されることもある。だが、偽造の現場の実情をもっとも理解しているのは、実際にその場にいた人々だ。

高級品と偽造品の世界には、ロゴやデザインに明らかな見た目の類似点以外にも、実は共通点がある。どちらも品物がどのようにして最終目的地に到着したのかは、明らかにされないということだ。素材の調達から流通に至る過程についての情報が、ブランドにとって価値があるのは理解できる。ファッションにおいては、特定の要素を秘密にすることで、より製品が魅力的に見える。だが、ミステリーがもたらす魅力は、サプライチェーンにおける公正な透明性に比べれば、はるかに価値は低い。もし人々が偽造品を買う理由の一つが、見た目がそっくりだからということなら、高級ブランドが製造過程の情報を明らかにしないのは、結局、ブランドにとって不利をもたらす。偽造品と本物の本当の違いは、その製品がどのように作られているかという点にあるからだ。わたしたちは消費者として、労働者が危険な目にあうことなく、製品がどのように作られているかについての情報を開示するよう、ブランドに要求すべきだ。

7　グリーンは新しいブラック？

想像してみてほしい。ファストファッション・ブランドが、リサイクル生地を使ったトップスやペットボトルを使って生産された靴など、サステナブルなコレクションを発表する世界を。そこではブランドは児童労働の禁止、最低賃金や職場の安全の保障など、工場におけるさまざまな基準を公表している。また循環性(サーキュラリティ)を重視して、リサイクルや買い取りプログラムが導入され、顧客の着古した品物が埋め立てに使われることはない。なんとすばらしい世界だろう？

実は、この想像の世界はすでに実在している。インターネットやファストファッション・ブランドのいたるところに。ほとんどのメジャーなブランドはファッションと気候変動に関心を寄せる新世代の消費者にアプローチする方法として、若い活動家を使って、サステナビリティを売り文句にしたキャンペーンを行っている。「サステナブルファッション」で検索すれば、週に二回コレクションを発表しているブランドが表示されるはずだ。これらのブランドの多くが採用しているのは、グリーンウォッシングと称されるステルスマーケティングだ。何十年もの間、多くのブランドによって用いられてきたこの手法は、一見、エシカルの基準に沿っているように見えて、実際にはほとんど変化をもたらしていない。

〝グリーンウォッシング〟という言葉は、一九八〇年代半ばに、環境保護主義者のジェイ・ウェスターベルトによって作られた。彼はサモアへ調査旅行に向かう道中、サーフィンをするためにフィジーに立ち寄った。美しい島の沖合で波乗りを楽しんだ後、あるホテルに忍び込み、タオルを失敬したが、そのとき彼はタオルの山の上に置かれた小さなカードに気づいた。そこに書かれていたのは、タオルを何度か繰り返し使用することでゴミを減らしてほしいと客にお願いする内容だ。カードにはこんなメッセージが書かれていた。「地球を救おう。たった一度使用したタオルを洗うために、毎日、何百万ガロンもの水が使用されています。選ぶのはあなたです。ラックの上に置いたタオルは〈また使います〉という意味、床に落ちたままのタオルは、〈取り替えてください〉という意味です。地球の大切な資源を守るためにご協力をお願いします」。ふざけた話だ、ウェスターベルトは思った。そのホテルチェーンは急ピッチで島での事業を拡大し、天然資源を使い果たしたあげく、さらに多くの旅行者を呼び込もうとしていたからだ。

ウェスターベルトは三〇年後、ガーディアン紙のインタビューで、その出来事を振り返っている。「結局、すべてはグリーンウォッシュできれいになるというエッセイを書いた。同級生だった男が文芸誌で働いていて、そのときの体験について何か書いてくれと頼まれたからだ」。それがグリーンウォッシュという言葉が誕生した経緯だ。九〇年代に入り、グリーンウォッシュに対する認識が高まると同時に、その言葉はさまざまな産業で、より巧みに使われるようになった。消費者の環境への関心が高まると、ブランドも関心を持つようになった。ただし彼らが関心を寄せるのは、いかに環境への関心を利益につなげるかという問題だ。彼らは商品の素材を変えるなどの根本的な問題解決を図る代わりに、実際はほとんどが再利用できないにもかかわらず、ラベルや瓶などをリサイクルできるようにするなど、ちょっとした変更を加えることで対応しようとした。なかには、グリーンのラベルを付けて、自分たちの製品がオーガニック、あるいは環境に優しいものであることを強調し、文字通りの〈グリーンウォッシュ〉を行ったブランドもあった。もちろん、それらがサステナブルに貢献することはほとんどなかった。

しかしながら、二〇〇五年頃になると、ファッション好きの間にも、服がいかに使い捨てにされてきたかという認識が広まり、安価な素材で作られた服が山積みにされ、廃棄される様子が報道されるようになった。一九九〇年から二〇一〇年の二〇年で、埋め立てに使われる繊維廃棄物の量は二倍以上に増加した。また、研究により、安価な素材に含まれるプラスチックや石油が地下水に流れ込み、環境に悪影響を与えることも明らかになった。

ファッション界のサステナビリティについて関心が高まった結果、H&Mは二〇一〇年に〈コンシャス・コレクション〉を発表した。パルプを再利用したテンセルやオーガニックコットンなどのリサイクル素材を部分的に使用したベーシックなデザインの小規模なラインだ。当時、これは大きな話題になった。まだ他のファストファッション・ブランドはサステナビリティの問題に取り組もうとしていなかったため、一見、H&Mがこの問題に立ち向かうパイオニアに見えたからだ。当時、わたしは大学生で、まだトレンドが気になる年頃だったため、リサイクルに興味はあったものの、実際に商品を買うことはなかった。コレクションの服は、色は主に白やベージュ、ルーズなシルエットのものが多く、マキシスカートなど典型的なヴィーガン・ボヘミアンのスタイルで、一般的な消費者が好みそうなものではなかった。だが、H&Mは何百もの店舗でこのコレクションを展開し、ユニークな試みは多くの称賛を浴びた。二年後、彼らはさらにこの取り組みを進め、インフルエンサーを巻き込んで〈エクスクルーシブ〉ラインを発表した。よりドレッシーになったコレクションを、ミシェル・ウィリアムズやアマンダ・セイフライドといったセレブがレッドカーペットで着用した。

英国アカデミー賞の授賞式で、ミシェル・ウィリアムズはゴールドのストラップレスのトップスと黒のスカートで登場し、他のセレブに少しもひけをとらない、エレガントなスタイルを披露した。タブロイドや雑誌は「なんとミシェル・ウィリアムズがH&Mを身につけてレッドカーペットへ！」といった見出しで、こぞってこの件を取り上げた。通常、女優たちの衣装はラグジュアリーなハイブランドか、あるいはちょっと尖った最先端のブランドの二択に限られているため、ウィリアムズの選択はまったくの想定外だったからだ。だが、それこそがまさにH&Mの狙いだった。この一件で、同社がファッション界の難問に取り組み、サステナビリティを推進しているという話が知れ渡った。消費者は舞台裏の詳しい事情を知る由もなく、信頼できる有名人の行動も追い風になって、ほとんどの人がH&Mを二〇一〇年代のサステナビリティにおけるリーダー的存在だと思ったはずだ。

この限定コレクションと同時に、H&Mは〈コンシャスレポート〉なるものも発表し、よりエシカルであるために自分たちが行っていることを、ここぞとばかりにアピールした。「わが社のマネージャーの七四%は女性です」。これは報告書の小さな青い吹き出しの中に書かれた文言で、次のページにはこんな記述もある。「二〇〇八年以降、バングラデシュの五七万八二一人の労働者が、自分たちの権利についての教育を受けました」[1]。他にも同社の靴に石油由来の素材を使わないソールが増えていることを示すグラフ、「価値連鎖（バリューチェーン）の影響」に関するページもある。報告書はけっして果たされることのない約束だらけで、状況の改善が見込める日にちや変化の度合いを示す太字の数字がいたるところに示されていた。

H&Mのマーケティングのあざとさは、同社のサステナビリティ部門の責任者であるヘレナ・ヘルマーソンがガーディアン紙に言ったコメントを見てもよくわかる[2]。記事では多くの人々がレポートの信頼性に疑問を呈していた。「労働条件が守られていることを保証できますか?」「化学物質を使用していないことを保証できますか?」それらの質問に対するヘルマーソンの答えは次の通りだ。「もちろん、保証はできません。弊社はきわめて困難の多い条件の中で操業する巨大な企業ですから。わたしに言えるのは、我々は多くのリソースと何をすべきかという明確な方向性を持って、ベストを尽くしているということだけです。懸命にね」。ではなぜ、H&Mは顧客に対して、約束も保証もできないものを売るのだろう?

さらに言えば、なぜ自分たちが売っている商品に、適切な労働条件や有害な化学物質ゼロを保証できないのだろう？　誰も同社に新しい服を作ることを強制してはいない。H&Mは生産を縮小し、サプライチェーンを完全にコントロールすることで、それらの保証ができたはずだ。結局のところ、同社が行っているのは抜本的な改革ではない。報告書の数字や文言はすべて市場価値のあるもので、彼らにとってはそれがもっとも重要なのだ。この年、ファッションが地球や衣料労働者に与える影響に関する統計が世界的に広まり、縫製労働者に対する関心が高まったが、一部のブランドはこれを市場の穴を埋める商機と捉えた。わたしたちは消費者としてどちらかを選ばなくてはならない。誰しも買い物は好きだし、新しい服は買いたい、けれど、環境や社会に害を及ぼすことはしたくない。ファストファッション・ブランドが標榜するサステナビリティは、わたしたちにその両方の実現が可能だと思わせる。だが、実際には両立は不可能だ。そしてサステナブルでエシカルな買い物をしたいけれど、無制限にお金を使えるわけじゃない人々にとって、価格は大きな問題だ。

リサイクルショップの利用は確かに選択肢の一つだが、それにも問題がないわけではない。まず、古着はそれ自体がトレンドになっていて、今や価格が上昇し、新品と同じような値段で売られていることが多い。また、一番手頃な価格で購入できるサルベーション・アーミーやグッドウィルに頼るのは別の労働問題に加担することになる。これらの企業はいずれも、障害者や社会復帰の途中にある人々を雇用し、他の従業員と同じ仕事をさせながら、法律の抜け穴を利用して最低賃金を下回る賃金しか支払っていない。

リサイクルとそれに付随する問題を避けるとなると、良い買い物をするためにより多くのお金がかかるというのは真実だ。だが、この考え方は複雑で、もう少し詳しく見ていく必要がある。単純に考えれば、より良い素材、つまり化学物質の使用が少なく、十分な生活賃金を得ている農家によって生産された素材を使用すれば、その分、商品にかかるコストが高くなる。服を縫う縫製労働者に、公正な賃金を支払い、工場での安全な環境を保証すれば、工賃も高くなる。パッケージにリサイクル素材を使おうとすれば、残念ながら、それもまたコストの高騰につながる。この仕組みがわたしたちに間違った選択をさせる。

低価格を前提にしてビジネスモデルを構築してきたブランドが懸念するのは、労働者が十分な賃金を得て、合法的な労働時間と人道的な条件の下で働いて作った服に、顧客がより多くの金を費やしてくれるかどうかということだ。これについては、顧客を巻き込んで変化を起こすことに成功したいい例がある。

「わたしたちにとって、それは今に始まったことではありません。始まりは二〇一五年、ある意味ターニングポイントの年でした」。デザイナーのマーラ・ホフマンはそう振り返った。パンデミックに襲われた世界で、瞬く間に人と会う標準的な方法になったズームでのミーティングでのことだ。その日の話題は、ファッションっていったい何だろうということだ。服があっても着る場所がない。デザイナーの彼女にとって、危機感を覚える事態だ。だが、実はパンデミックの数年前から、ホフマンはブランドや従業員に対する責任を感じつつも、変わりゆく時代の趨勢の中で、これまでのように服を作り続けることに抵抗を感じていた。顧客は必ずしも新しい服を求めているわけではない。彼女は生き残りをかけてむずかしい決断を迫られた。

そこで彼女は立ち止まった。ファッションウィークの時期になると、「今後はファッションウィークには参加をしない。自分と顧客にとって意味のあるときだけ新しいコレクションを発表する」と宣言するメールを顧客に送った。さらに、これまで販売した服を買い取り、新しいものに作り替えるという循環型プログラムも発表した。大きな賭けだが、やってみる価値はあるとホフマンは思った。

ここで強調しておきたいのは、彼女のブランドがこの結論にいたるまでには、さまざまな紆余曲折があったということだ。ホフマンも、もともとは他のブランドと同じやり方でファッションビジネスに取り組んでいた。毎シーズン、客の興味を惹くコレクションを作り、ファッションウィークで発表する。マイアミのスイムウィークには、MTVのリアリティ番組「ザ・シティ」（二〇一〇年代のヒット番組「ザ・ヒルズ」のスピンオフ）に出演したことさえある（もし、まだこの二つの番組を見たことがなく、ファッションにまつわるばかげた番組が好きなら、ぜひ見てみてほしい。独立系のデザイナーがどうやってメジャーになるのかがよく描かれている）。彼らは服を作って、作って、作り続け、ようやく誰かの目にとまり、さらに服を作り続けて皆に知られる存在になっていく。だが、ホフマンは、あるところまで来たとき、もうこれ以上、服を作り続けることはできないと感じた。

「わたしたちは独自の路線を確立し、コアな顧客もいました。ブランドとしてどうありたいか、美学も持っていた。売り上げは右肩上がりで、多くのデパートに服をおろしていた。でも、その後の数年間で、業界そのもの、そこで何が起こっているかについて、わたしの見方が以前とはがらりと変わってしまったのです」ホフマンは言った。彼女は成功の絶頂で一つの大きな決断を下した。当時はそれが正しい決断なのかどうかもわからなかった。だが彼女が考えたのは、ブランドを大きくしながら、サステナブルにはなれない。ビジネスモデルそのものを変えることが必要だということだ。「わたしたちは先駆者でもなんでもない。むしろ遅すぎたくらいです。変化を起こしたとき、自分がブランドとしてやってきたことに大きな違和感を覚えました。そしてむだなものを大量生産する、最悪の業界の一員になりたくないと思ったんです。息子は今、三歳だけれど「彼に遺せるのが、自分の名前が刺繍されたラベルがついた廃棄衣料の山だなんて、何のために仕事をしているんだろう?」って」。服をアートだと思っている人が、廃棄衣料について考えるのは興味深い。ゴミ箱の中で生涯を終えた服は何になるのだろう?

さらにフェアでエシカルなブランドになるためには、まだ道半ばであることはホフマン自身も認めるところだ。実際、ブランドは方向転換の失敗例として、皮肉な扱われ方をするときもある。だが、彼女のセンスあふれるドレスは今も変わっていない。洗練されたデザインに、鮮やかな柄、すっきりとした身頃にボリュームのある袖で、遊び心がありながらも着心地がいい。ただし生産量は減らし、厳選された素材を使用し、すべての縫製労働者に最低賃金が支払われていることを確認するために、サプライヤーと密な関係を築くことを心がけている。前述したように、それは誰かに称賛されるためではなく、自分がやるべきこと、誰もがやるべきことだと考えているからだ。だが、正しいことをするために、自らの成功やエゴを犠牲にする人はきわめて稀だ。だから、実際にそれを実践している人や企業を目の当たりにすると、人は足元がぐらりと揺らぐほどの衝撃を覚える。快適さとお金は快感をもたらすが、大きな変化を起こせば、すべてがダメになる可能性もある。ブランドは顧客と売り上げを失うことになり、適切な素材や工場を見つけるためのさらなる努力が必要になるだろう。簡単に手を出せることではない。それが多くのブランドが、サステナブルになるべきだという時代の要請に対して、積極的になれない理由の一つだ。

わたしにとってホフマンが興味深いのは、彼女が変化を起こそうと考え、それを実際に行動に移した点だ。しかもやり方はごくシンプルだ。彼女は業界の「最悪」の部分に加担するのをやめた。そしてより良いもの、よりサステナブルなモノづくりのための努力を重ね（彼女の行動は、サステナブルで新しい服など存在しないことを思い出させてくれる）、自分のブランドをエシカルにしたいと思う、小さなブランドのデザイナーたちにとってお手本のような存在になっている。

グリーンウォッシングの文脈でホフマンについてふれたのは、ブランドをより害の少ないものに進化させることとPRのために偽りの約束をすることの違いを理解してもらいたいと思ったからだ。ホフマンは、自分の努力をアピールするのは「気が引ける」と、はにかんだ笑みを浮かべた。大々的なキャンペーンを張る予算もないし、それにはリスクも伴う。従業員に給料も払わなくてはならないし、本来、サステナブルであることは、ことさらに売り物にするようなものではない。売り物にした瞬間に、ファストファッション・ブランドのグリーンウォッシングと同じ怪しげな匂いが漂う。自分はすべきことをしているだけで、それをわざわざ看板に書き立てて、アピールする必要はない、彼女はそう考えている。

だが、個人的には、わたしは本当に変わろうと努力しているブランドは、そのことを顧客に知らせるべきだと思う。そして、その努力が本物かどうかは、消費者であるわたしたちが検証していくべきだ。このタイプのマーケティングを、数十年かかって完成させたのがパタゴニアだ。同社は気候変動と地球への影響を巡る取り組みを別にしても、間違いなく世界でもっとも知られた企業の一つだ。八〇年代、パタゴニアのカラフルなフリース製プルオーバーは世代を超えた人気商品となり、それによって世界でトップクラスのアウターウェアブランドになった。ところが、九〇年代には、ビジネスを拡大しすぎて破たん寸前に追い込まれた。そこで彼らは使命感に燃え、顧客が自分たちに賛同してくれることを願って、持続可能な社会の実現のために、最後まで戦ってみることにした。

パタゴニアが他ブランドに先駆けてはじめたのは、衣料品に対して、可能な限り無期限で修理をするという制度だ。また、耐久性を高めるために素材を変更したり、コットンの調達に関して、フェアトレードの団体と連携した。こういった変化を強調するのは、一見、うさん臭く思えるが、彼らのやり方はグリーンウォッシュとはまったく違うものだった。二〇〇一年、同社はニューヨークタイムズ紙に自社のフリースのプルオーバーの写真と共に「このジャケットを買わないで!」というキャプションをつけた広告を出した。時期は、爆買いが行われるブラックフライデーの前で、買い物客に、品物を買う前によく考えることを促す意図だ。ところが、広告掲載後の九カ月間で、同社の売り上げは約三〇%伸びた。このコピーを文字通りに受け取るなら、一見、資本主義の真逆を行く、環境問題の解決に貢献する革新的な取り組みが収益につながると証明したことになる。それこそが、多くのブランドが採用したい戦略だ。

H&Mのコンシャス・コレクション（現在も生産中）の成功を受け、二〇二一年、同社は再びサステナビリティをテーマにしたキャンペーンを展開したが、今回はより一般的な内容となった。広告では、マリ・コペニー（別名リトル・ミス・フリント）、イライジャ・リー、ブランドン・ベイカーといった若い活動家たちが、「ロールモデルになるのに若すぎることはない」などのスローガンを掲げ、H&Mの服を着て立っている。店舗のウィンドウディスプレイには、環境問題に抗議する団体へのオマージュとして「エコ戦士と環境十字軍」「未来は未来に生きる若者の手に」「すべては種をまく人から始まる」などの文言が躍る抗議ポスターが貼られている。ファストファッション・ブランドが、若い気候変動活動家を広告に採用するなんて、悪い冗談にも思える。たしかに若い彼らに活動の場が与えられることは重要だし、H&Mはそのためのプラットフォームを持っている。活動家や彼らの支援者が、環境における正義を求めて、ブランドとコラボをするのを非難するつもりはない。しかし、重大な問題に対してなんら解決策が講じられていない場合、この手のキャンペーンの邪悪な面を見ないようにするのはむずかしい。

イングランドでは、活動家のトルメイア・グレゴリーが、H&Mが行ったやり方をそっくりそのまま真似して、同社のキャンペーンに抗議した。もちろん店舗のウィンドウでの抗議活動までもだ。SNSで公開された写真では、緑のブレザーに「クソ企業H&M」と書かれた黒いシャツを着たグレゴリーが、足を組んでウィンドウに座っている。中指を立ててカメラを見つめる写真、お手製のプラカードを掲げる写真もある。プラカードには「H&Mのエコな取り組みの96%はEU委員会をコケにしている」と書かれている。これは、H&Mが、EUがアパレル企業に課した基準を遵守すると約束したことに言及したものだ。もう一つのプラカードには、ただ「ジャヤスレに正義を」とだけ書かれていた。ジャヤスレはH&Mの服を作っていた縫製工場で、二〇二〇年に殺された労働者だ。

グレゴリーのプラカードとH&Mのプラカードを並べてみると、企業が変化をセールスポイントにしながら、大量廃棄の問題について根本的な見直しを避けているために、新たな問題が生じている重層構造がよくわかる。わたしがH&Mを頻繁に槍玉にあげるのは、同社を嫌っているからではなく、同社が約束した変化を実際に起こせば、他の企業の変化への起爆剤になる、純粋にそう思うからだ。二〇二一年六月、チェンジング・マーケットの「合成素材に関する匿名レポート」によると、H&Mのコンシャス・コレクションの七二%が合成素材で作られていることが発覚した。ZARAやASOSのようなサステナブルなサブブランドを持つ競合他社は、H&Mよりかなり良いスコア(人工素材の割合は四五%と五七%)だったが、興味深いことに、もっとも多く報道されたのはH&Mのコレクションについての数値だった。問題なのは、いくら各ブランドが小さな変化を積み重ねても、今、まさにその問題の渦中にある人々を救うほど、すばやい動きにはならないということだ。それではジャヤスレを救えなかったし、世界中の埋立地や倉庫に積み上げられた廃棄衣料の問題も解決することはできない。

同時にファッション界は、グリーンウォッシングを新たな次元に押し上げた。それはリサイクルやオーガニック素材の使用といった問題にとどまらず、搾取工場やその他の社会的責任の違反についても、問題の本質を見えなくするメッセージを発した。今は多くの活動家がブルーウォッシングという言葉を使いはじめている。これは、ファッションブランドのＣＥＯたちが国連のグローバル・インパクト・イニシアティブに署名した後、その基準を守らなかったことから広まった言葉だ。ブルーは国連のロゴマークを指しており、この条約に署名することで、多くの企業が実際には目標を達成することなく、責任と透明性をアピールすることができた。現在では、ブルーウォッシングは、消費者に自分たちが実際よりもエシカルであると信じさせるために、誤解を招くような手法を用いる企業の総称として使われている。

ファッション界で言えば、例えばエバーレーンというブランドは、世界中の工場で最低賃金を支払っているという事実をマーケティングの中心に据えている。「革新的な透明性」を掲げているが、それが意味するのは、商品の価格を人件費と材料費に分解して会計時に客に伝えるというだけだ。また、合法的な賃金を支払うという約束もしているが、問題はたとえ合法だとしても、その賃金が生活をしていくのに十分だとは限らないということだ。

エバーレーンのＨＰの「わたしたちについて（about）」のページには、服を縫製する工場の労働者の写真が掲載されている。だが、そこで扱われる原材料を作っている労働者はどうだろう？　きわめて大きなサプライチェーンの一部だけを透明にしたところで、それは革新的でもなんでもない。

さらに、コロナ禍の二〇二〇年には、米国内のエバーレーン直営店の従業員が、経営陣が組合の結成を阻止しようとしていると訴えた。ブランド側は、従業員を解雇した理由は減益によるものと主張したが、従業員は、解雇は数カ月前から同社が行っていた組合つぶしの一環だと主張した。その後、従業員は不公正な労働慣習があるとして、同社を全米労働関係委員会に告発したが、結局、その訴えは取り下げられた。同年八月、組合結成を目指して設けたツイッターアカウントは、同社の人員削減についての話を「まったくのでっちあげ」と述べ、次のように訴えた。「彼らのやり方はけっして許されるものではない。当初からわたしたちの仕事はパートタイムとして作られていた。エバーレーンは誰一人として正規雇用にするつもりはなかった。福利厚生もなく、低賃金で過酷な労働をさせることを目的に、〈エシカルファッション〉の名の下に労働力を搾取し、エシカルな待遇を求めたわたしたちを解雇した」。同社の〝透明性〟の主張はご都合主義であり、厳しく精査されるべきだろう。

二〇一九年、ニューヨークタイムズ紙の記者、エリザベス・ペイトンとサプナ・マヘシュワリは、H&Mはファッション界でもっとも透明性の高いブランドの一つであると書いた。たしかにH&Mはウェブサイトにサプライヤーを公開し、そこにあがっている工場はすべて、ラナ・プラザの崩落を受け、バングラデシュの建物の安全性を確保する法的拘束力のある協定「火災と建物の安全性に関するバングラデシュ協定」に署名していると明言している。だが、同時に二人の記者は、サプライヤーの明示とコミットメントは単なる最初の一歩にすぎず、監査があったとしても、それが必ずしも労働者にとってより安全な環境を保証するものではない、しかもH&Mは工場とコスト面での交渉に応じていないと指摘した。H&Mが工場と交わした契約の多くでは、人件費は交渉の対象外であり、注文を時間通りに仕上げるために残業が発生しても、労働者には決まった賃金以上のものは支払われない。

この仕組みについて、ダッカの工場経営者であるルトフル・マティンはニューヨークタイムズ紙に次のように語った。「H＆Mのようなブランドはトレーニングを提供し、組合のメンバーが定着する手助けをし、投資についてのアドバイスをくれます。それはすべて良いことで、大切なことです。けれど、一方で同社の買い付けのチームは、常に製品をできるだけ安く買おうとするため、大きなプレッシャーを感じています」。工場についてどれだけよい基準を維持しても、何の見返りもない。おまけに多くの場合、競合する他社は、標準より低い基準を維持することで価格を低く抑え、ブランドはその工場と契約をする。「このまま工場を続けていけるのかどうか、不安になることもあります[3]」

消費者として、わたしたちは〈サプライチェーンの透明性〉が、そのブランドがどれだけエシカルであるかを測る指標になると思っている。だが本当にそれがすべてだろうか？　もし、あるブランドが、自分たちの服がどの工場で作られているかを知っていると言い、その所在地を明らかにすれば、工場がブランドによって、監査されていると顧客が考えるのは当然だろう。だが、必ずしもすべてが見た目通りとはかぎらない。ノウザチェーンのフェリシタス・ウェーバーは、どこの工場で服が作られているかを知るだけでは十分ではない、そもそもなぜこれほど多くの下請け先があるのかを考えてみる必要があると指摘している。もし、工場が製造の一部を第三者に委託し、その委託先がブランドの定めるポリシーを遵守する工場と同じ基準を持たない別の工場に委託したら、そこにはまた同じようなリスクが存在することになる。これがエシカルファッションへ移行しようとするブランドがぶつかる壁だ。

ベンチマークが設定されたことで、ファッション業界は最低限のことをして許される一方で、サステナブルではない素材や染料を使用して大量の廃棄物を生み出し、しかも労働者を不当な低賃金で働かせている。ブランドはわたしたちの要求を逆手に取る形で、自分たちが工場を監査し、規則を遵守する工場のみと仕事をしていることをことさらに宣伝する。その裏で、ブランドと契約した工場は下請けの搾取工場に注文を出している。天然素材を使うことでサステナビリティを高めていることを宣伝しながら、週に一度は新しいコレクションを作っていて、そのほとんどは合成繊維で、最後は埋立地で生涯を終える。

消費者であるわたしたちは、企業が提供する情報しか知ることはできない。だからこそ、グリーンウォッシングには誤解を招く広告を規制するための政策が必要だ。わたしたちをエシカルな服についての会話に招き入れたからには、ブランドは自分たちの主張に対して法的な責任を負うべきだし、その約束が本当に守られているか確かめる義務がある。その役割を顧客に委ねるべきではない。そして顧客であれ、労働者であれ、一般市民をブランドが危険に晒していないことを確かめるのは政府の役割だ。

何かインセンティブがなければ、ほとんどのブランドは正しいことをしないだろう。透明性を確保したり、環境に配慮したりすることから得られる金銭的な利益はそれほど多くない。生産量を減らし、自らの失敗を認める――わたしたちが教えられてきた成功へのレシピとは正反対のことだ――必要がある。だからこそ、強制力をもって、企業に行動を促す必要がある。

二〇二一年一二月、スニーカーやアスレチックウェアのメーカーとして知られるニューバランスが、ほとんどの製品に〈メイド・イン・USA〉を使用しているとして、ある市民グループが、同社をマサチューセッツ州の地方裁判所に提訴した。同社の製品の三〇%が海外の工場で製造され、スニーカーの靴底はすべて中国で製造されているにもかかわらず、だ。アメリカ国外で服を作ること自体は倫理的でも、非倫理的でもない。これまで見てきたように、世界中のどこにでも搾取工場や過剰生産は存在する。問題は、同社が自分たちの製品が〈メイド・イン・USA〉であるのを前面に押し出して、より倫理的で、高品質であると宣伝し、付加価値をつけようとしたことだ。連邦取引委員会には、誤解を招くマーケティングを禁止する法律があり、この裁判が原告の勝訴に終われば、今後、この手の訴えがどのような帰結をたどるのかの前例となる可能性がある。何かしらの不都合が伴わなければ、ブランドから透明性を引き出すことはできない。誰もが大企業を訴えられるわけではないが、訴えられるかもしれないという脅威は、業界に大きな変化をもたらす可能性がある。

8　工場の外で起きていること

インドネシア、首都ジャカルタから七時間ほどのところに、ゲシカージョという小さな村がある。東ジャワのトゥバン地方にある漁村だ。その村では、バティック、インドネシアの伝統的な布を染める技術が今も伝承されている。バティックは布に温めた蠟を注意深く少量たらし、細かな模様を描いていく手法を用いる。たらした蠟が冷えたあとに、蠟と蠟の隙間に染料を入れ、最後に蠟を取り除くと、そこに色とりどりの手書きの模様が浮かび上がる。模様の多くは、村の暮らしや作り手についてのユニークな物語を描いたものだ。

ジャワの人々はこのバティック作りの技術を数世紀にわたって、世代から世代へと引き継いできた。今も、その技術はファッション業界でよく使われている。例えばジマーマン（Zimmermann）とかウラ・ジョンソン（Ulla Johnson）といったブランドは、この手法で作られた布をコレクションに取り入れている――インドネシアで、バティックがスカートのように、クンベン（長袖の薄いショール）の下に巻き付けられているのを見たことがある人もいるだろう。それは女性の伝統的な衣装であるケバヤドレスの一部だ。

イヴ・リンナは二九歳のバティック職人で、生まれてからずっと村で暮らしている。バティック作りの家に生まれた四代目として、伝統を守ろうと懸命だ。彼女は既婚者で、幼い子どもを育てながら、スッカチッタ（SukkaCitta）というブランドのために自宅で仕事をして生計を立てている。デザイナーと共に彼女が作る服は実に美しい。凝ったパターンとすばらしい色使いが特徴だ。また彼女は、村の女性たちに自分が学んだ技術を教え、バティックの仕事で生活していけるよう手助けをしている。

「わたしの村では、かつてほとんどの女性がバティックの職人をしていました。キッチンや庭で、家族総出でバティックを染める光景がよく見られたものです」彼女はワッツアップのメッセージでわたしに語った。テキストには、一文ごとにびっくりマークやスマイリーがちりばめられている。わたしたちは数日にわたって短い文章をやりとりし、さまざまな話をした。インドネシアとニューヨークの時差は約一四時間あるし、彼女は家族の世話と仕事で忙しく、電話で話すのは無理だったからだ。彼女の話は次のようなものだった。イヴが住む地域のもっとも古い伝統であるにもかかわらず、職人の数はどんどん少なくなっている。村が宗教ツーリズムの名所になり、村人の多くがバティック作りをやめ、みやげ物屋など、もっと楽な仕事をするようになったからだ。「この二〇年間、バティック職人の数は減り続けています。残っているのはほんの数人です」

小さな村の伝統的な技術は、文化を守る上でとても貴重だ。それは紋章と同じく、人と人のつながりの証であり、世代を超えて受け継がれていく。わたしにとっては、それはファッションの一部で、とても特別なものだ。服は、どのような記録もなしえない方法で、わたしたちと過去の距離を近づけてくれる。布の色や柄、シルエットを通して、語られなかった物語を伝えてくれる。バティックの作り手たちは、自分たちの曾祖母と同じテクニックで布を染める。彼女たちの手はかつての曾祖母たちの手と同じように染料で染まり、その昔、曾祖母たちが感じたのと同じ手触りを慈しむ。熱い蠟をたらす器具があたってできる小さな水ぶくれの位置も同じだ。そしてその技術は、彼女たちの娘に受け継がれる。バティックの技術を絶やさないことで、先祖たちの思い出は永遠に村の女性たちの胸にとどまり続ける。政治的、宗教的な変化、あるいは観光化や産業化の影響で、そこに住む人々の暮らしぶりが大きく左右される田舎の村では、コミュニティによって伝統が守られていくことはとても重要だ。

それこそが、イヴが村でバティック作りを守っていこうと決意した理由だ。彼女が学校を卒業すると、両親は安定した事務の仕事につくよう勧め、彼女もその勧めに従った。だが、いずれは愛するバティックの仕事に戻ろうと心に決めていた。「いつかはバティック職人に、そう思っていました」イヴは言った。仲間の多くはテキスタイル関連の仕事をしているが、バティック職人になろうとはしない。なぜなら色付けと縫製の技術を、ファッションブランドの服を作るために使うチャンスはいくらでもあるからだ。

わたしたちが会った多くの縫製労働者とは違い、田舎に住む女性たちは村の工房と契約を結んで仕事をしている。そして工房は工場と契約を結び、工場はブランドと契約を結んでいる。

たとえそれが一般的なやり方だとしても、これではいかなる規制からも守られない。きわめて搾取的なシステムのため、ファッション業界ではほとんど語られてもこなかった。小さな村々では、もはや伝統的な仕事で家族を養っていくことができない。工房は、村人の経済的な状況につけこんだ制度だ。生きていくためには、たとえきわめて賃金が低く、非人間的な労働時間だとしても、現金を稼げる仕事が必要だからだ。そこに選択肢はほとんどない。イヴの場合は事務の仕事をしながら、副業としてバティックを作っていた。だがある日、デニカ・フレッシュという女性に出会って状況が一変した。フレッシュは彼女のブランド、スッカチッタのために働いてくれる、近隣のバティック職人を探していた。フレッシュはインドネシア出身で、ヨーロッパに留学して経済学者になったが、イヴと同じように、地域の伝統を絶やしたくないという強い思いから、地元の経済を活性化させ、女性を支援する方法がないかと考えていた。

　フレッシュは村から村へと訪ね、女性たちが苦境の中で、どのように伝統を守っているのか、その実態を知ろうとした。「彼女たちはわたしを受け入れ、自分たちの伝統をシェアしてくれました。それは美しい瞬間（ひととき）でした」。八月のある朝、フレッシュはズームの画面越しにわたしに語った。「けれど女性たちが皆、苦境にあることはすぐにわかりました。彼女たちは貧困のサイクルの中にいて、馬車馬のように働いているけれど、満足な賃金は払われていない。子どもたちのなかには、バティックの技術を受け継ぐのを諦める子もいます。なぜなら、それで生計を立てる道がないからです。インドネシアはどこも、ジャカルタ以外は基本的に田舎です」彼女はさらに繰り返した。村の女性たちは、布と染料を自宅に持ち込んで、その時々でさまざまなブランドのために、労働法規などおかまいなしで昼も夜も働いている。それしか選択肢がないからだ。それでも稼げる額はごくわずか、一時間に数ペニーのこともある。だがそのことについては誰も話題にしない。ファッション界の正義と倫理について語っているときでさえ。「彼女たちは透明人間のような存在です」フレッシュは付け加えた。

フレッシュの話と、この本の中で、わたしが描いてきたファッション業界の影の側面はよく似ている。労働者（大半は女性）は世界中の工場で、長時間働いている。不潔で危険な労働環境、最低限の生活さえできない低賃金に苦しみ、なかにはマネージャーから虐待されても、自分たちが作る服のブランドから守ってもらえない人もいる。たしかに、それは真実だ。だが、芸術的、文化的な価値を低く見積もられている女性は、彼女たちだけではない。世界中の村々で、数千万人の女性たちが、わたしたちのクローゼットに収まる服を作っているが、彼女たちに関する情報は入手しようにもほとんどない。フレッシュが指摘するように、彼女らは〝隠れた〟存在であり、それが賃金にとどまらず、身体的な安全にも関わる問題をもたらしている。女性たちと契約を結んでいるブランドは、毒性のある化学物質を送って、それがどれほど危険なものなのかも知らせないまま、自宅で服を染めさせている。いくつかのブランドが使用しているアゾ染料には窒素が含まれ、水に溶けると発がん性を生じる。フレッシュによれば、話をきいた女性の何人かは何も知らず、染料を川や池に捨て、その中で子どもたちが遊んでいるという。

非営利団体、ネストの創立者、レベッカ・ヴァン・ベルゲンは言った。ブランドは彼女たちの特別な技術と、自宅で働かざるを得ない事情を搾取している。とりわけ自宅や、小さな村の作業所で仕事をしている場合はなおさらだ。女性たちの多くは工場で働くことができない。理由は簡単だ。遠くて通えない、あるいは子育てのために時間に縛られずに働きたいからだ。アマゾンやターゲットといったブランドは、より本物らしさを求める人々の手作り品に対する需要を見込んで、彼女たちのような労働者を自分たちの生産システムに組み込んでいる。わたしたちが買う商品の多くは大量生産されたものだが、本物らしさと独自性もトレンドだ。皆、手頃な値段で、作った人の人柄やぬくもりが感じられるものを求めている。ハンドメイドの品物はその幻想を満たしてくれる。

搾取されやすい家内労働をやめるよう呼びかける人は多いが、ヴァン・ベルゲンとフレッシュは、家内労働を女性が働きやすい制度として作り変えることを提案している。「工場には多くの関心が向けられています。それは大事なことで、その関心ゆえに、多くの企業が工場を規制する基準を設けています。でも誰も工場の外で働く、多くの労働者に目を向けていません」ヴァン・ベルゲンはネストをはじめたきっかけについて語った。彼女たちはブランドと自宅で働く職人をマッチングさせ、職人に発言の機会を与えて、家内労働をより安全で、公平なものにしようとするプログラムを実施している。

「現在のサプライチェーンには、驚くほどの数の家内労働者がいます。海岸の石や貝殻で作ったビーズを糸に通す作業、枕やTシャツのふち飾りを編むこと、それらはすべて誰かの家の中で行われています」。彼女はターミノロジーの変更、つまり彼らを家内労働者(ホームワーカー)ではなく、手仕事職人(ハンドワーカー)と呼び方を変えることが、労働者に自分の状況を認識させる重要なステップになるとも語った。「芸術性の高い仕事もあれば、そうでない仕事もあります。でもすべて手仕事なのは同じです。だから、呼称もそれに合わせることにしました」。家で作業をしている人たちも、他の場所で仕事をする人々と仕事はなんら変わりない、ときにはより仕事がハードな場合もある。にもかかわらず、賃金と認識の点において、家内労働は明らかに過小評価されている。

家内労働への理解を深めるうちにわかってきたのは、彼女たちの脆弱性と行動の欠如が、ほとんどの場合、家で家族や子どもの世話をするために、自宅で下請けによる仕事をせざるを得ない事情に端を発しているということだ。二〇二〇年現在、推定五〇〇〇万人の女性たちがファッション業界で手仕事をしている。ブランドは自分たちの知らないことを規制できないと主張するが、それは詭弁ではないだろうか？

女性の労働力をまるでもののように扱う企業によって、多くの女性が搾取されている事実を深く憂慮すると共に、わたしは縫製労働者、とくに手仕事をする人々にまつわる言説に、ある特徴的なパターンがあることに気づいた。それはしばしば彼女たちが、業界の底辺にいる人々として語られるということだ。ファッション業界の物語から彼女らが排除されているのは事実だが、その一方で、底辺というのは正確ではないし、実に失礼な言い方だと思う。ハンドワーカーという名前の通り、彼女たちはファッションの手だ。どんな機械やデザイナーよりも、わたしたちの服に触れている人々だ。なのに、なぜか彼女たちは、この業界を回し続けている他の人々よりも下に見られている。

それはいわゆる〈ガールボス〉症候群だ。わたしたちはファッション界を、女性が力を得る場所として見ている。だがそれはある特定の女性にとってのみだ。わたしたちは彼女たちをもてはやし、メディアに登場させ、女性が望めばどれほどの富を稼ぐことができるかについて語らせる。だが、ガールボスを褒めたたえ、彼女たちの仕事を支える他の女性の存在を消し去ってしまうなら、我々はフェミニズムのディストピアに生きていることになる。エンパワーを謳いながら、実際にはスポットライトの中にいる人々だけがその恩恵にあずかるなんて、まったく理解できない。

今、この章を書いているわたしが身につけているシャツは、スッカチッタとゲシカージョの村の女性たちからプレゼントされたものだ。お世辞にも高級品とは言えない。だが、クローゼットの中のほとんどの服と違って、わたしはその服を誰が作ったのかを知っている。そして作り手について語り、布の重みを感じることで、彼女たちの仕事に敬意を払いたいと思っている。わたしに贈られたのは、黄色や茶色、オレンジ色のグラデーションに染められた細いストラップのついた黒のタンクトップだ。前見頃の裾に美しい刺繍が施されているけれど、控えめすぎて目を凝らさなければ、細かい部分は見えない。わたしがそれを身につけるのは、このトップスを裁断し、縫い、染めた数々の手が、ファッション業界で働く他の人々の手と同様に重要であり、そしてその事実がいとも簡単に忘れられてしまうことを残念に思っているからだ。

タンクトップが入っていた箱の中には小さな封筒が添えられていて、そこに数枚の手紙と写真が入っていた。そのうちの一枚は村に住む女性からで、この数年間、服を作ることが自分たちにとってどんなものだったかが綴られていた。「毎回、布を染めるたびに、そこから立ち上る蒸気を吸って、胸が痛くなり、手が焼けつくように痛みます」。別の女性がシェアしてくれたのは、ファストファッション・ブランドから送られてくる合成染料の自分の健康への深刻な影響についてだ。自分が作ったバティックを誇らしげにかかげるイヴ・リンナの写真もあった。「祖母は亡くなる二、三日前、自分が染めた自慢のバティックの一枚をわたしにくれて、必ず、この技術を後世に伝えてくれと頼みました」。彼女の手紙にはそう書かれていた。ことファッションに関して、わたしたちはランウェイを歩くモデルや、ラックにぶら下げられた美しいドレスといった、完成品だけに目を奪われ、それを作った人々の存在を消し去ってしまいがちだ。だが、自分の着ている服が、どこの誰が作ったのかわからないよりは、家族との約束を守ろうとがんばっている女性によって作られたものだと知ることは、着る人によりパワーを与えてくれる。

この数年で、ハンドメイド作品への需要が急速に高まっているのはまぎれもない真実だ。一〇年ほど前には、どんな小さな町やフリーマーケットのような場所にも、〈手作り〉マーケットがあった。わたしの友人の一人は、そういったマーケットを企画する側の人間で、出店者を選び、スペースを飾り付け、大学生からベビーカーを押す子連れの母親まで、誰もが胸躍るような空間を作り上げていた。DJがミックスするリアーナとザ・スミスの曲が流れる会場には、クラフトビールやコーヒーのスタンドがあり、会場をぐるりと囲むようにテーブルと椅子が並べられている。どちらのスタンドにも長い客の行列ができているのは、その先頭で、客と店主がそれぞれの商品の奥深さについてうんちくを傾けているせいだ。

通路にはあちこちに店の売り子がいる。皆、サイドビジネスとして店をはじめたばかりだ。売っているのはガレージで作ったおしゃれな石鹸やハンドメイドのまな板、ジュエリーの店も必ず一、二軒はあり、手染めのスモックを売る人の隣で、ハンドメイドのイヤリングやネックレスはどうかと呼び込みをしている。客は皆、彼らをクリエイティブな才能のある企業家とみなし、その才能を評価し、尊敬していた。

あるマーケットには、大手のブランドが買い付けに来ていたこともあった。デザイナーが自らブースに来て、商品をチェックし、自分たちの店で売ることに興味があるかどうかを確認したという。「ソーホーのショップに、ハンドメイドのコーナーを設けたいらしい」アクセサリーを売る男性は言った。自宅で作るハンドメイドの品物に対する消費者の関心は高く、ブランドはそれを使ってうまく儲けようとしていた。

皆、気づいていないが、現在のハンドメイドブームは、クラフト人気が復活したわけでもなく、一〇年前にわたしたちの生活のペースをスピードアップさせた、ソーシャルメディアやテクノロジーに対する反動でもない。ただ、以前はこのような職人による手仕事は、少し違ったふうにパッケージされていた。もともとこの手のハンドメイドの品物を作るのは主にアメリカに住む白人で、素材と自分たちの労働に見合った（ときにはそれより高い）値段をつけていた。今は手編みのビーズのネックレスがたった八ドルで買える。わたしたちはただ単に、その品物が地球の裏側の誰かの家で作られているというだけで、その品物の価値を認めず、作った人の仕事に見合う対価を払おうとしない。

デザイナーのなかには、丹念に吟味した刺繍やビーズを自分のコレクションに取り入れて、農村の活性化に貢献しようとする人もいる。だが、こうしたハンドメイドのPRには欺瞞的なマーケティングの要素が拭えず、さらに別のレベルの搾取につながる可能性がある。多くのデザイナーは、必ずしもその地域の女性のニーズを熟知しているわけではないし、ある地域で手作りされたものだというだけで、それ以上の透明性を提供することができない。職人にはどれだけの報酬が支払われているのか？　仕事はどのようなシステムで発注されるのか？　企業が労働者の家や村に有毒な化学物質を持ち込んでいないことを、どう確認しているのか？　彼らの労働時間はどのようにモニターされているのか？　グリーンウォッシュを見破るための質問と同様、一見エシカルに見えるハンドメイドのブランドにも、多すぎるほどの質問を投げかけてみるべきだ。

こうしたデザイナーの多くは、素材やプロセスについて透明性を担保することで、多くの称賛や注目を浴びる。結果的にそれは良いことだ。他のデザイナーが、自分の仕事をどのように発注し、どこに資源を投入するのか、考え直すきっかけにもなるだろう。だが常々わたしが思うのは、ファッション業界における注目は依存症のようなものだということだ。インフルエンサーであれ、エディターであれ、それは明らかだ。アナ・ウィンターのようなプロからでも、おしゃれが好きな一般の消費者からでも、とにかく他人から浴びせられる注目というスポットライトは明るく、暖かい。だが、スポットライトはすぐに他へと移ってしまうため、その中にとどまるため、人はできることは何でもしようとする。時には、自分たちがブランドを築き上げた理念そのものさえ、犠牲にすることもある。

ファストファッションに関して言えば、彼らの関心はどこにスポットライトが当たるかではなく、スポットライトをどううまく使って、業界のからくりと採算ラインを見えなくしてしまうかにある。これらのブランドは、適切な監査が機能しないという理由で、規制を逃れている。だが、田舎に住んでいる何百万人もの労働者が、家族と共に生まれた場所にとどまって暮らすための法整備が必要だ。本来、自分が生まれ育ったコミュニティで、自らの技術をいかして生計を立てる可能性があるのに、規制がないという理由で都市部の工場に働きに行くことを強いられるべきではない。

「むずかしいのはどのようにモニターをするか、どのように教育的な資源を投入して、労働者たちを支援し、生産のプロセスに受け入れていくかです。時々思うのです。規制された工場でも同じような課題があるのに、家内労働にまつわるよくない話ばかりが取り沙汰されるのはおかしいって」ヴァン・ベルゲンは言った。また、今後、家内労働に対する批判の声が大きくなれば、ブランドは問題解決をするのではなく、サプライヤーから手を引くだろう、とも。女性たちが切実に仕事を必要としていて、安全性や低賃金には目をつぶって、仕事を引き受けてしまうような場合、批判は必ずしも解決策にはならない。それより家内労働を自分たちの製造過程の欠かせない一部として認め、さらなるデータとアクセスを手に入れて効率化するほうが、ブランドにとってもためになる。

パンデミックの間に、在宅勤務に対する考え方がどのように変化したかを考えてみるのは非常に興味深い。ウイルスが蔓延し、まだ検査もなかった最初の数カ月間、人々はこれまで自分たちの誇りだった仕事をやめ、家で安全に働けるフレキシブルな仕事を探した。これをもって、自宅にオフィスがあればと願うわたしたちと、数世紀にもわたって自宅で働いてきた人々に接点ができたというのは、あまりに短絡的だ。だがここで芽生えた共感は、インドネシアに暮らすイヴ・リンナのような女性たちの家の中で、何が起こっているかについて語るきっかけになるかもしれない。例えばＰＰＥを製造していた縫製工場の労働者が、ＣＯＶＩＤ－19にり患し、亡くなったとき、同僚の多くが在宅勤務に切り替えた。これは家内労働を合法化し、労働者が自宅で生活賃金を稼げるルール作りをすることのメリットを示唆している。

ヴァン・ベルゲンは言う。「パンデミックで起こったことから得られる良い点は何もありません。何百万人もの人々が病に苦しみ、命を落としました。でも、これをきっかけに世界に蔓延する不平等を認識できたら、それがせめてもの救いだと思います」。もしアジアや南米の政府が、問題に対して責任をとらない下請け工場と仕事をするブランドと国をまたいだ対話ができるようになれば、その存在を無視されてきた労働者を守れるようになるのではないだろうか？

9　たかがファッション、されどファッション

二〇一四年のニューヨーク・ファッションウィークは、わたしのキャリアの中でもっとも記憶に残る一週間だった。当時、わたしは駆け出しのレポーターで、ファッションに関する仕事なら何でも、とにかくがむしゃらに引き受けていた。本業の教科書会社でのファイリングの仕事を仮病をつかって休み、あらゆるショーに足を運んだ。依頼主の出版社から支払われる記事一本あたりの報酬は微々たるもので、数回、地下鉄に乗っただけで赤字になる。だが夢への一歩を踏み出した瞬間だ。そんなある日、週の半ば、ようやくここまで来たかという高揚感(ハイ)と取材続きで一日二時間睡眠(ロー)の繰り返しだったわたしに、ある美容関連のブログから、マンハッタンのミートパッキングで行われるショーの取材を依頼するメールが届いた。

当時、ファッションウィークは大きく変わりつつあった。ショーの会場もブライアントパークやリンカーンセンターといった中心部から、ニューヨーク全域へと、デザイナーの希望次第で分散するようになった。ブロガーやインフルエンサーが注目を浴び、メジャーな雑誌の所属

ではない、わたしのようなフリーの記者は、もはやただ、そこに座っている数合わせのためだけの存在になりつつあった。会場の場所はわたしにとっては気にならなかった。たしかに移動が多いのは不便だけれど、一週間の間に、ミッドタウンのロックフェラー・センターの最上階に行き、ブルックリンのゴージャスなキングス・シアターにも行くくらい、大した問題ではない（「まさか！」そう言われるかもしれない）。だが、問題はほとんどの場合、時間どおりに会場に到着できないことだ。しかも「ちょっと遅れちゃった～」レベルの遅刻じゃない。ショーは分刻みで予定されており、すべてのショーを見に行きたくても、交通事情や地下鉄のダイヤの関係でほぼ不可能に近かった。その結果、ショーの主催者であるブランドの人間は、げっそりと疲れた表情で、なんとか定刻に客席をすべて埋めることに必死になっていた。

　ミートパッキングのショーでは（結局、中に入らなかったので、どのブランドのショーだったのかはわからない）、わたしが到着したときには、会場がある階へあがるエレベーターの前に、遅れてきた数人のライターがたむろしていた。エレベーターのドアの前に若いＰＲアシスタントが二人いて、リストに名前があることを確認してからエレベーターに乗せてもらうシステムらしい。アシスタントは疲労困憊の表情で、招待客のリストをめくりながら、頭につけたブルートゥースのマイクに向かって、小声ながらきびきびした口調でしゃべっていた。

「彼女、どうしてまだ来ないの？」アシスタントの一人が噛みしめた歯の奥でつぶやく。わたしたちが辛抱強く待っていると、二人の背後のドアが開き、上司と思しき年配の女性がおりてきた。「いったい何がどうなってるの？」たぶん、自分でもそのつもりはなかったのに、つい声が大きくなったのだろう。彼女はわたしたちに背を向けると、アシスタントの手からリストをひったくり、恐ろしいスピードでぱらぱらとめくって、再度わたしたちを振り返った。「早く行って」。彼女はリストから目をあげることなく、手振りでわたしたちにエレベーターを示した。

リストの紙をうばわれたアシスタントは、おっかなびっくりでエレベーターまで歩いていく。ドアが開くと、リストをチェックしている上司に向かって「何階ですか?」とたずねた。たぶんショーが行われているフロアのことだろう。それを聞いた上司は「ったく、役立たずなんだから」、そうアシスタントにどなった。はたから見れば、別にへまをしたわけでもない人に向かってずいぶんな言い草だ。だがさらに恐ろしいことに、上司はため息と共にポケットに手を伸ばすと、クレジットカードらしきものを取り出し、閉まりかけるエレベーターのドアを押さえているアシスタントの後頭部めがけて、そのカードを投げつけた。

ドアを押さえたまま、わたしたちを振り返ったアシスタントの顔には困惑が広がっていた。額からあごまで真っ赤だ。一方、上司はわたしたちが見ていることなどおかまいなしで、涼しい顔でリストのチェックに戻った。

わたしたちはホールに立ち尽くし、茫然と顔を見合わせた。上司の女性に何かを言うべきだ。そのふるまいは許されないと。だが誰も何も言わなかった。ただ口をつぐみ、沈黙の瞬間が、彼女の行為がどれほど不愉快なものであったかを示すのに十分でありますようにと願って、その場から立ち去った。

それはハラスメントだ。だが当時のファッション界では、まだ若かったわたしの世代もその類の扱いには慣れっこで、上司とはそういうものだと思っていた。ようやくつかんだ夢の仕事、手放せば誰かが喜んでそれを奪っていく（業界では周知の事実だ）ことが明らかな場合、どんな扱いを受けても何も言えるわけがない。会場を出たわたしは、石畳を踏むたび、安物の靴のヒールが今にも折れそうな感覚を覚えながら、ウエストサイドの通りを足早に地下鉄の駅へと向かった。するとそこへ、年齢も業界内での立場も近い一人のライターが追いついてきて、わたしの耳元でそっとつぶやいた。「たかがファッション。大した問題じゃないわ」〈なるほど〉とわたしは思った。たかがリストの名前をチェックして、ファッションショーでどこに誰を座らせるか決めることで人を罵っていいわけがない——そんなのばかげている。だが、彼女が言った言葉を、わたしはその後、何度も耳にすることになった。職場で少しばかり事態がヒートアップしたときにはいつでも、誰かがその言葉をつぶやくのだ。

たかがファッション、だから深呼吸をして、立ち去ることでやり過ごせばいい。「命に関わるわけじゃないし」。そう言う人は少なくない。なるほど、たしかに。だが、もしわたしたちがファッションを、実際にはもっと深刻で、命に関わるものとして捉えていたら、ファッションショーやデパートやインフルエンサーの先に、自分たちが思うよりはるかに大きな問題が存在していることに気づいたかもしれない。PRアシスタントや上司の女性、遅れてきた記者たち、そしてショーで見るはずだった服を作った女性まで、ファッションに関わるすべての人々は、ファッション界と世界、どちらの発展においても欠かせない存在だ。あの日の出来事は、たかがファッションじゃない、ファッションの真実の姿だ。上司の女性のふるまいは何十年にもわたって業界全体で許容されてきた、きわめて現実的で深刻なハラスメントの一例だ。ヒエラルキーが最優先され、労働者は無視される。完璧なイメージを作り上げるために多くの犠牲が強いられてきた。

歴史的に見ても、社会変革をリードし、人々の命を救ってきたのは縫製労働者だ。二〇世紀初頭、女性縫製労働者はマンハッタンの通りを行進し、職場の環境を改善するよう、アメリカ中の人々に訴えた。そして二一世紀においても、縫製労働者はパンデミックと社会正義のための闘いの最前線で、より良い未来のために戦っている。

二〇二〇年の初め、PPEの不足によって何千人もの医師や看護師の命が危険に晒されたとき、ルイ・ヴィトンやバーバリーなどをはじめとする、世界中のファッションブランドが服の生産を一時的に中止し、病院用のガウンやマスクを作った。それによりブランドは称賛と感謝を受けた。だが、実際に縫製や裁断をしたのは、身の危険を冒して出勤し、製品を作った人々だった。ほとんどの工場では、生産が切り替わる以前に入っていたオーダーがキャンセルされ、キャンセル分については報酬が払われないまま、体調を崩した労働者も少なくなかった。それでも彼らは出勤し、世界の医療システムを脅かす品不足の解消に努めた。

ミャンマーでは、工場で服を作っているいくつかのファストファッション・ブランドが、マスク作りをはじめた後、まさにそのマスクが原因で縫製労働者が脚光を浴びることになった。二〇二〇年五月の『バズフィード』の報道によれば、ZARAの服を作っていた工場で働く五〇〇人の労働者が、出勤にあたって、マスクの支給を要求したところ解雇されたと訴えた。インディテックスは後にこの訴えを否定したが、証拠はなく、ブランドの広報担当は、自分たちは当時の政府が定めたプロトコルに従っただけだと述べた。結局、真実はうやむやのまま、パンデミックの真っただ中に、何百人もの労働者が新たな職を求めて奔走するはめになった。だがこれは、労働者たちの混乱の一年の始まりにすぎなかった。

二〇二一年二月一日、ミャンマーでは軍隊がクーデターを起こし、民主的に選ばれた政権が乗っ取られた。軍は国民民主連盟のメンバー、閣僚、いくつかの地域の首席大臣、反対派の政治家を拘束し、作家や活動家も捕らえられた。ニューヨークタイムズ紙は当時の混乱を次のように報じている。軍は政権を乗っ取り、航空便の運航を停止し、一部の都市ではインターネットや電話へのアクセスが遮断された。また、銀行が閉鎖され、人々はＡＴＭからお金を引き出すために長い列を作らなければならなかった。[1] クーデター直後、人々は平和的に抗議のデモをした。だが、二月二〇日、二人のデモ参加者が軍によって殺害されると、事態は一変した。翌週半ばには、大規模なストライキが発生し、何百万人もの人々が、軍に抗議して街頭に繰り出した。その先頭に立ったのは、ミャンマー労働者連盟の創立者であるマ・モー・サンダー・マイントをはじめとする組合のリーダーたちに率いられた、縫製工場の労働者たちだった。

「その日の朝、わたしは組合のリーダーたちと会議中で、衝突が起きた場所のすぐ近くにいました。武装勢力（タトマドー）は午後一二時過ぎから、催涙ガスや、サウンドボム、実弾などを使って弾圧を開始し、多くの命が失われました」マイントは政権奪取の初期の様子について語った。[2] 彼女の話によれば、軍が戒厳令を出したあと、労働組合の人々は、何千人もの労働者が集う路上でのストから村や区を拠点とする抗議行動に戦略を切り替え、攻撃に備えた。

ミャンマーはファッションにとって重要な生産拠点であり、毎年四五億九〇〇〇万ドル相当の輸出が行われている。抗議行動は操業を再開した縫製工場でも行われており、労働者は危険を冒して出勤しなくてはならなかった。労働者たちがH&M、ZARA、MANGOなどのブランドに発注の中止を求め、デモを続けることを認めるよう促すプラカードを掲げる姿が国際紙に掲載されると、世界中の関心が一気に集まった。だがクーデターがはじまった当初は、ブランドは発注を続け、労働者は命がけで服を作り続けなければならなかった。その年の三月一四日、軍の戦車がフラインタヤの衣料品街に突入し、外に出られなかった六〇人あまりの縫製労働者が命を落とした。

この悲劇の後、意識的消費を推進する非営利団体リメイクのCEOであるアイシャ・バレンブラットと活動家で作家のエリザベス・L・クラインは、自分たちのメッセージを伝えるために、地域の労働者とズームで緊急記者会見を開いた。ミャンマー労働者連盟（FGWM）のコー・アウンは、一五人ほどの記者たちを前に、現在抱えている問題について話した。「わたしたちはMANGO、ZARA、プライマークと契約を結ぶ工場で縫製をしています。ほとんどがヨーロッパのブランドです」。通訳を介して、彼女の話は続いた。「多くの組合が連帯しています。軍はわたしたちを実弾で攻撃してきました。そのため工場のある地区が大きな影響を受け、多くの工場が閉鎖されました。出勤時の安全が大きな懸念となっています。国際的なブランドには、労働者と行動を共にするよう、サプライヤーに働きかけてほしいのです」。さらに彼女は、地方に避難せざるを得なかった労働者もいるが、収入の道が断たれたことによる飢餓も懸念されると付け加えた。逃げるも残るも苦難の道だ、彼女は言った。労働者たちが求めているのは、ブランドが介入し、労働者が危険を冒して仕事をせざるをえない状況に追い込まれることなく、平和的に抗議活動が行える手助けをしてもらうことだ。

同年の四月に、H&Mは、慎重な言い回しで「状況を見定める」と発表し、態度を明らかにしないまま、発注を保留にした。他のブランドの多くは注文を続け、工場も操業を続けた。結局、H&Mも発注を再開した。「(発注を続けるのは)自分たちのサプライヤーが工場閉鎖に追い込まれ、数万人の縫製労働者が職を失う事態を避けるためだ」。それがブランド側の言い分だ。短期的に見れば、それは真実だ。だがもし、結局、人々が仕事をするために死ぬとしたら、本末転倒ではないだろうか? 組合にとっての問題はそれだけではない。そもそも民主政権下でも、賃金と待遇に関しては大きな問題があったこと――ミャンマーの労働者の六〇%の時給は二ドル以下だ――を組合のリーダーたちが発表した。

「以前から工場で人権侵害があったとしたら、軍事政権下では、縫製労働者にとってさらに悪い状況になるのは間違いありません」マ・モー・サンダーはニューヨークタイムズ紙に語った。「これは負けられない闘いです。このまま軍事政権を受け入れるわけにはいきません。たとえ逮捕されたり、命を落とす危険があるとしても」。その後の数カ月、労働者はブランドに、独裁政権が倒れるまで、ミャンマーでの取引をやめるよう呼びかけ続けた。だが各ブランドはこのときもまた、人より利益を優先した。

この六カ月の間、何十人もの人々に取材して、わたしが気づいたのは、縫製の仕事、ファッションに関わる仕事、スタイル、服、それらはすべて政治と密接に関連しているということだ。人々がファッションを通して、自分の立場を政治的に表明した例も多くある。合衆国の女性議員は、一度ならずトランプ政権の施政方針に抗議を表明するため、白い服を着た。二〇一八年には、イランで、ヒジャブの着用を義務付ける法律への抗議行動もあった。サバ・コード・アフシャリなどの参加者がテヘランの街頭に出て、群衆の中でヒジャブをとった。のちにアフシャリは逮捕され「人々をそそのかし、腐敗と堕落へと先導した」として禁固一〇年を言い渡された。[3]一方フランスでは、公共の場でヒジャブを着用することが法律で禁じられた後、女性たちがヒジャブを着る権利を求めて抗議活動を行った。彼女たちは、女性たちが身につけるものを法で取り締まるのは女性蔑視と植民地主義の名残だと主張し、〈#わたしのヒジャブに手を触れないで〉というキャンペーンを行った。素材から完成品まで、わたしたちが身につけるものはすべて、より大きなものの象徴となることがある。時にはキュートなトップスが自分らしさの表現になるかもしれない。だが、消費者のもとにたどり着く前に、そのトップスには世界中の人々の公平と自立を求める闘いが幾層にも織り込まれている。例えば一枚のTシャツにも、独裁政権に対する闘いであれ、基本的人権を求める闘いであれ、この地球上における女性の権利のための闘いと無関係ではないことを理解する必要がある。

中国の新疆ウイグル自治区では、ムスリムの少数民族のグループのうち、推定で一〇〇〜一八〇万人が恣意的な大量拘束の対象になっている。ドナルド・トランプ前大統領とジョー・バイデン現大統領、どちらの大統領の政権下でも、アメリカ政府はこの強制的な同化政策をジェノサイドと認定している。二〇二一年の七月には、政府の報告書には「中華民国はジェノサイドを行っており、もともとムスリムだったウイグル族の人々、あるいはその他の民族、宗教的マイノリティに対して、人権侵害を行っている。人権侵害には投獄、拷問、強制不妊、宗教的迫害などが含まれる」と記されていた。だが、過去の、とくにファッション業界に関する多くの物語と同じく、その批判的な報告書もまた、人々のレーダーには引っかからなかったようだ。[4]

新疆ウイグル自治区は、世界最大の綿花生産地だが、綿の多くは、強制労働キャンプで働くウイグル人によって育てられ、収穫され、布にされている。[5]同自治区の綿花は世界中のサプライチェーンで流通しており、誰のクローゼットの中にもそこで生産された綿を使った製品が入っている可能性が高い。ジュハル・イルハムはウイグル人で、二〇一三年、父親と共にアメリカへ向かう道中、父親が中国の空港で拘束された。それ以来、事件についての情報を発信している。逮捕時、イルハムは未成年だったため出国を許された。父親は経済学者で、政府について批判的な意見を述べた罪で終身刑を言い渡された。「わたしの父はこの弾圧がはじまった直後に逮捕された、数人のうちの一人でした」パンデミックの最中、ジュハルはインディアナの友人宅からズームでインタビューに答えてくれた。オンラインの活動が盛り上がりを見せていた時期だ。家から外に出ることができなくなった人々が、世界中の不公正についてじっくり考える時間があったからだ。ジュハルは、この機運をうまく使って、父親の件について関心を集めようと考えた。「父はウイグルの人々を擁護し、彼らの権利のために発言をして逮捕されました。父は研究者で、ウイグル自治区で社会経済学の問題に関する調査を行い、ウイグル人に対する特定の政策について提案をし、批判をしましたが、政府はそれを苦々しく思っていたのです」

彼女の話は続いた。父親はウェブサイトを立ち上げ、自分が得た情報を拡散しようとした。なぜなら中国のＳＮＳの多くは規制されており、大半の人々は、政府が支援するＣＣＴＶによってリリースされた、偏見に満ちた検閲済みの情報にしかアクセスできないからだ。父親が恐れていたのは、ウイグル人についてのステレオタイプが、メディアを通して拡散され、漢民族の人々がウイグル人を敵視することだ。彼は両者がチャットの機能を通じて交流できるスペースを作りたいと考えた。

何度かウェブサイトが遮断されたのち、父親は逮捕され、終身刑を言い渡された。ジュハルによれば、彼女のいとこも逮捕されたが、その理由は彼女の父親の写真をスマホに保存していたことだ。その後、父親が指導していた七人の学生も逮捕されたが、彼らが今、どこにいて、どのような刑を言い渡されたのかは誰も知らない。「唯一の逮捕理由は、学生たちが、国際社会で影響力のある有名人の父の情報を拡散させたからです。中国政府が隠そうとしても、事実を隠すことはできません」。ジュハルはきっぱりと言った。二〇一七年、ウイグル自治区の訪問は禁じられ、それ以降、彼女は家族と話すことができなくなった。コミュニケーションをとる唯一の方法は、漢民族の友達が家族のもとを訪れ、彼らのデバイスを通して話をすることだ。

「わたしたちは一〇のプラットフォームをかわるがわる使っています。そのいくつかはブロックされ、いくつかは乗っ取られました。二、三日で閉鎖されたサイトもあります。最近はあまり頻繁に連絡を取り合わないようにしています。なぜなら連絡は取れても、あとでさらに事態が悪化するからです」

声を上げることでさらに弾圧される可能性はあっても、父を助けるためのもっともよい方法は父について話すことだと、ジュハルはわたしに言った。とくに企業、例えばアパレルなど、ウイグルの人々を搾取した労働力から利益をあげている企業にアピールがしたい、と。「（中国）政府の痛いところを突く必要があります。企業をターゲットにして、アメリカ政府による制裁措置を通じて、コットンの輸出を止めさせることが有効な戦略です」

ざっくり言えば、世界で売られているコットン製品の五点に一点は、ウイグル自治区で生産された糸やその糸から作った布を使っている。つまりきわめて大量の綿が、まったくエシカルの基準には沿っていない状況で作られているのだ。「（ブランドは）自分たちが調達している生地がどこからやってきたものかを知ることができます。サプライヤーにはそれらの情報の開示を求める権利があるからです。もしサプライヤー、とくに大企業が素材の調達先を知らないと言うなら、それはわざと知らないようにしているということです」。国際NGOである労働者の権利連合のペネロペ・キリトシスは言った。

ジュハルはわたしに、政府の同化戦略、労働移動プログラムで、他の町からウイグルにやってきた一人の女性労働者について話してくれた。彼女の母親（ジュハル曰く「親切で、寛大な心の持ち主だが、政治的なことに巻き込まれるのは嫌がる」）は、ある日、北京の通りで、その女性に出会い、彼女が手に火傷を負っていることに気づいた。女性は、自分は都市から、ウイグルの縫製工場で働くために連れてこられ、作業中にけがをしたと話した。ウイグルを離れたいかと問うと、女性は、誰かが保証人――批判を招く可能性があるため、ほとんどの人はそんなことをしない――になってくれない限り、それはむりだと答えた。母親は危険もかえりみず、彼女を家政婦として引き取った。

二〇二一年、アメリカ合衆国政府は、活動家と人権擁護グループ、双方からのプレッシャーをうけて、ブランドにウイグル自治区で生産された綿の輸入を禁じ、中国におけるサプライチェーンについての選択を公にするよう指導した。活動家たちは団結し、ブランドに、ウイグルの強制労働を助長しないと約束する文書に署名させようとしたが、これが一筋縄ではいかなかった。ナイキ、アディダス、バーバリーは、新疆ウイグル自治区から綿を調達していたことを明らかにし、自分たちの懸念について声明を出すことにした。だが中国国営テレビがブランドの対応に抗議し、ボイコットを呼びかけると、事態は厄介なことになった。「我々の国の怒りに触れた企業に対する反応は明らかだ――買うな！　それだけだ」。これは中国中央テレビのツイッターの書きこみだ。また、他のツイートでは、レジーナ・イップ・スック・イーがソファに広げた三枚のバーバリーのスカーフを見つめる写真に、次のようなキャプションがつけられていた。「もうバーバリーの製品を買わないし、使うのもやめる。バーバリーがウイグル自治区におけるいわれのない批判を撤回し、謝罪をする日まで」

ナイキの売り上げは影響を受け、一年で五九％近く減少した。一方、新疆ウイグル自治区から素材を調達している他のブランドは、批判はせず、リスクを回避した。当初、H＆Mは同自治区での強制労働を非難していたが、それらをすべて削除し、中国の消費者に対する献身を繰り返した。このジレンマは、これまで見てきたなかでもっとも顕著にファッション業界におけるモラルの問題を象徴している、わたしにはそう思えた。活動家や政府は、ウイグル族に起きていることに関して、中国政府の行為をはっきりとジェノサイドと呼んでいる。それでもブランドは巨大な市場を失うか、国が主導する拘留キャンプを終わらせる一翼を担うかで苦悶している。その線引きはどこまではっきりできるだろうか？

アクティビズム、とくに労働者主導の活動は効果的だ。バングラデシュは、中国に次ぐ、衣類の輸出国だが、そこでは千人以上の縫製労働者が亡くなったラナ・プラザの悲劇をうけて制定されたバングラデシュ協定が、組合の熱心な働きかけを受けて更新された。新しい合意は二〇二一年九月一日に施行されたが、テキスタイルと縫製業労働者の健康と安全を約束する国際条約と名付けられ、二〇〇以上のブランドが署名をした。従来の条約と変わった部分は、地域の工場におけるトレーニングや監査、安全について法的に規制し、工場に監督責任を負わせたことだ。それは大きな変化だ。もしブランドによる違法行為があれば、労働者は声を上げることができる。これは二〇一三年に亡くなった人々の死が、けっしてむだではなかったことを示している。

カリフォルニアでは、一九九〇年以降、数十年にわたる闘いを続けてきた労働者の声が、ようやく州政府に届いた。わたしのインタビューに答えてくれた、ロサンゼルスで働く三人の縫製労働者、サンタ、マリア、ロレーナは、クビになるかもしれない危険を冒して、自分たちの低賃金について訴える一方、SB－62と呼ばれる法案を、議会を通過させ、立法化しようと戦った。搾取工場を終わらせるための数年にわたる働きかけ、多数回にわたるデモ、レポーターと共に抗議の電話などを繰り返した結果、二〇二一年の九月、ようやくギャビン・ニューサム知事が、報道陣を前にして法案に署名をし、ブランドに最低賃金より少ない賃金で労働者を働かせることを許してきたすべての抜け穴を封じた。法案では、出来高制で賃金を払うブランドや、最低賃金以下しか払っていないサプライヤーには、理由を説明することを求めている。

二日後、ロサンゼルスのダウンタウンで行われた、ファッション・トレードショーが開かれる建物の前に立ち、「LAを搾取工場フリーに」と書いたプラカードを掲げる人々の姿があった。縫製労働者とその支援者が声をあわせて叫ぶ。「戦って、必ず勝つ！（クアンド・ラチャモス・ガナモス）」群衆を前に、縫製労働者センターのディレクター、マリッサ・ヌンチオは感情を高ぶらせて呼びかけた。「わたしは本来、あまり感情的な人間ではありません。でも今回のことには胸が震える思いです」。やがて湧き立つ群衆を前に、彼女は次のような短いスピーチをした。それはすばらしく、わたしの胸にも感慨深く響いた。どうか全文を読んでみてほしい。

> なぜ今日、わたしたちがここに集っているのか？　それはこの月曜日、SB－62が法律になったからです。ファッション業界に歩合制を止めて、搾取に責任を負わせてほしい

という労働者の要求が法律になりました。これによってようやく、誠実なビジネスをしている企業が、公平に闘うことのできるフィールドが実現しました。今はそれが法で定められたことだからです。今日、物言う労働者として、企業に呼びかけを行うためにこのファッショントレードセンターに集っているわたしたちは、労働者と支援者が戦って勝ち取ったもののシンボルです。労働者は恐れず、ひるまず、目に見える形での縫製業界の構造的変化を要求しました。この業界の搾取の根源を明らかにし、数十億の売り上げのあるファッションブランドから、パワーを自分たちの手に取り戻しました。さらなる職場の公正に向かって闘い続けましょう。

この業界について悲観的になるのは、とても簡単だ。とくにこの問題の根深さを目の当たりにし、ファッションのディストピアが実在することを知った今はそうだろう。ファストファッションがビジネスを拡大したとき、皆が言った。「ペースを落とせ。このままの速度が増せば、人々を傷つけてしまう」。ところが誰もスピードは落とさず、状況は悪くなった。シーズンが増えたとき、皆が言った。「シーズンの数を減らせ。でなきゃ、埋立地があふれる」。だが今もシーズンは増え続け、埋め立ては続けられた。そして今、目標からは程遠く、「悪くなる一方」が当たり前と感じるところに来ている。だが、強い意志で変化を求め続ける先に勝機はある。そして勝利が行く手の霧を晴らせば、そこには誰も搾取せず、誰も搾取されない未来への可能性を見ることができるはずだ。

10　これは本当に起こっていること

この本を書き終えるにあたって、わたしはファッションエディターとしての正社員の職を辞した。仕事を辞めるのははじめてではない。たぶん、これが最後でもないだろう。だが、業界において肩書がなくなるたびに、アイデンティティ・クライシスを感じる。今回は着ているセーターを無理やり引っぺがされた気がした。すでにセーターの下で肌はむずむずしていたけれど、いざセーターがなくなると、それはそれで心もとない。二〇一八年、『ティーンヴォーグ』の仕事を辞めたときには、足元のラグがいきなり引き抜かれた気がして、わたしはとまどい、あざだらけになった。そして自分が持っていると思っていたパワーのほとんどが肩書によるものであったこと、ファッション業界でそれなりに重要視されているという感覚も、勘違いにすぎなかったことを思い知らされた。

二度目の離職では、友達だと思っていた人々が、口もきいてくれなくなった。これには傷ついた。わたしがエディターとして仕事ができていたのは、才能とセンスが認められたのではなく、単に運がよく、クリックの数でブランドをＰＲできる力があると思われただけだったのだ。ファッション誌のポジションは辞してても、別に書くことをやめたわけじゃない。だが、ブランドはもはやわたしを通して、華やかなキャンペーンやセレブによるマーケティングを打つことはない。誰もわたしの意見を必要としなくなった。というか、必要とされていると思っていたのは勘違いだった。企業の本音があらわになっただけだ。特権を与えられるということは、どれだけブランドと一体になれるかということだ。不満を口にし、自らがそのコミュニティの一員であることを忘れたとたん、一気にそっぽを向かれてしまう。

『インスタイル』を離職したときは、それほどドラマチックでもなかった。まだ人々の一番の関心事はパンデミックで、わたしの記事は後ろに追いやられ、セレブのゴシップについて書くように言われた。価値がないとは言わないけれど、わたしにとっては書くのが疲れる記事だ。だから二〇二一年の夏、ファッションについて、ニュースレターという形で書きたいことを書いていいというオファーを提示されたとき、わたしは飛びつき、インスタイルを辞めた。自分の決心に満足し、トレンドとゴシップのサイクルから脱出できたことを心から喜んでいた。それでもどこかで、アイデンティティの一部を喪失した感覚は拭えなかった。雑誌のエディターという肩書のない自分は、はたして何者なのだろうか？　エディターはわたしがずっと夢見てきた仕事だったはずだ。

だがショックだったのは、突然、輪からはじき出されてしまったことだ。ファッション誌の記事は、インフルエンサーとエディター、そしてブランドの良好な人間関係によって出来上がることは、よくわかっていた。だが、彼らの気に入るような記事が書けなくなったとたん、ここまで一気に手のひらを返されるとは思っていなかった。

エディターとしては、退職したからといって、これまで憧れ、自分が記事に取り上げてきたブランドへの愛が冷めるわけではない。多くのエディターはそうだし、少なくともわたしはそうだ。だが、自分が発信した情報の多くが、そのブランドで働く広報のスタッフや創業者、あるいはCEOからもたらされていたことを認めないわけにはいかない。彼らはわたしたちを夕食会に連れていき、自分ひとりではとてもできない経験をさせてくれた。それが何を意味するのか、まったく考えなかったわけじゃない。分不相応だ……そう思うこともあった。だが、それはただ、ブランドにとって価値があったからだ。当時のわたしは、彼らの成長に必要な報道につながる、数少ないドアの一つだった。考えてみれば当たり前のことだ。何の利益ももたらさない人間に、彼らが大枚をはたくわけがない。だが、この経験を通して、業界において、成功したファッションブランドが持つパワーの強大さをあらためて思い知ることになった。

カーテンの向こうで何が起こっているかを秘密にし続けることは、ファッションメディアの神秘性を高める。だからこそ、わたしが今、ここで伝えていることには意味があると思う。雑誌の多くは現状（美しい写真が載った雑誌よ、安らかに眠れ！）に至るまで、この一〇年間、さまざまな変化をくぐり抜けてきた。変化の一つは、減少する売り上げをどう補うかであり、雑誌がスポンサーであるブランドの意向を忖度するのは理解できる。わたしも、搾取工場や差別についての記事を書く自由と引き換えに、広告を掲載してくれるブランドにとって不利益になる記事は取り下げさせられたりもした。ブランドが何かしらの不祥事を起こした場合も、わたしや、記事の採用について決定権を持つ人間によって、内容がアンフェアだという理由で、記事が差し止められたことは一度や二度ではない。

広告以外に、エディターにはアフィリエートの記事を書く仕事もある。わたしもホリデーシーズンやイベントの時期に、多くの記事を書いてきた。基本的に、雑誌の場合、わたしたちが書いた記事により得られた売り上げから、あらかじめ合意したパーセンテージの金額が支払われる。正確に言えばスポンサーになったわけではないから、店はそれがアフィリエートであることを開示しない。だが必ずインセンティブが発生する。例えばアマゾン・ファッションは、もっともインセンティブのレートがいいサイトの一つだ。だからほとんどの雑誌が、プライムデーやブラックフライデーの前後にはこぞって特集記事を組む。例えば、「アマゾンで爆売れのブラックブーツ」の記事が、自分がまさにブーツを検索しているタイミングで、トレンドメーカーのおすすめとして出てくると、客は盲目的に、そのおすすめを購入してしまう。悩ましいのは、それがファッションメディアに大きな収益をもたらし、注目を集めることだ。

ビジネスモデルをどのように変えればいいのか、今すぐにはわたしも答えを持ちあわせない。だが、ファッションエディターが、上記の一連の流れの中で、自分がどのような役割を担っているのか自覚することは重要だろう。パワーダイナミクスについて知ることは、この業界がよい方向へ向かうための最初の一歩だ。業界の問題を告発し、それについて記事を書き、SNSに投稿して、自分もそのシステムの存続に加担していることを自覚する。そこから変化は始まる。

なぜ、わたしはアメリカ各地を飛び回り、労働者たちに生活賃金という尊厳を与えないブランドのもてなしで、ワインを飲んで、食事を楽しんでいるのだろう？　なぜ、ブランドはトラブルだらけの工場ではなく、わたしをもてなすことに注力するのだろう？　なぜならファッションエディターとしてわたしが語る物語が、ブランド全体のアイデンティティにとって欠かせないからだ。ただしその物語が真実かどうかは関係ない。重要なのは、ファッションエディターやトレンドメーカーを、読者がクールだと思っていることだ。

認めるのはつらいけれど、それはつまり、わたしがずっと夢見ていた仕事も含めて、この業界の大部分が嘘に満ちているということだ。高校生のとき、わたしはロッカーの扉の内側に『ティーンヴォーグ』の表紙を貼っていた。自分が将来、何をしたいかを思い出せるように。その憧れがわたしの原点で、ファッション業界がよくなってほしいと思う理由だ――わたしが夢見たのは、雑誌に三％のインセンティブが入るからといって、自分ではけっして買わないような服をアマゾンで押し売りする仕事じゃない。だからこそ、わたしは皆さんに力を与え、自分にとって心地のよい選択をしてほしい、知識で武装して、自らを守ってほしいと思っている。

現実的に言えば、この大荒れの海の中を、どのように舵を取っていくのかはむずかしい。できるだけ服を買わないようにと言うことはできるし、ぜひそうしてほしいと思う。自分の手持ちの服を大切にして、本当に必要になったときだけ服を買ってほしい。だが、ファッションを愛する人に新しい服を買うなと言っても無理なことぐらい、わたしにもわかっている。それに物を買うなというのは何もファッションに限った話ではない。すべての業界に通じる話だ。過剰消費で埋め立て用のゴミの山はますます高くなり、地元の水の供給と経済に影響を与える。そんなことは皆が知る事実だ。

わたしたちにできるのは、この変化にブランドを巻き込むことだ。なぜなら彼らを排除すれば、数千万の労働者が職を失い、残った人々も規制に守られず、安全が担保できないからだ。

ブランドをサステナビリティとエシックスという観点からレーティングするウェブサイト、グッドオンユー（Good On You）の創設者、サンドラ・カポーニは、人は本来、買い物において正しい選択をしたいと思っている、だが正しい選択を手助けするシステムがないという点に着目した。このウェブサイトでは、ブランドの名前を入れると、環境に関する取り組みやサプライチェーンの透明性をもとに、そのブランドのレートをはじき出してくれる。サンドラは言う。ブランドはサプライヤーと契約を結び支払いをする以上、自分たちのビジネスについて説明義務を負う。だが、さらに大事なのは、彼らが問題解決において、積極的にリーダーシップを担い、責任を工場に押しつけないことだ、と。「ブランドはサプライヤーとの力の不均衡を是正していくべきです。この不均衡こそサプライヤーが、困れば自分たちよりさらに弱い労働者を搾取し、工場に無理を強いる原因になっています。それが人々の暮らしを破壊してしまうことなど考えもせずに」サンドラは言った。「ブランドはサプライヤーを支援し、労働者に権限を付与して、さらなる改善と平等への努力を続けるべきです」

ただし、ブランドが自ら変化を起こすかどうかは信用できない。何十年にもわたって、彼らの発言には行動が伴わなかったという事実がある。これに関しては、フェアトレードとか、フェア・ウェア・ファンデーションなどの組織が設けた基準を順守するよう、公にプレッシャーをかけることも一案だろう。またクリックをして何かを買う前に、ほんの少しの手間を割き、それが公正な条件のもとに作られた商品かどうかを調べることもできる。探している情報が見つからなければ、ブランドにその理由をきいてみるのもいい。

残念ながら、あなたの汚れなき選択が褒めたたえられることはない。ファッションは消費の上に成り立つビジネスだ。そして消費は数百万人の雇用を生む。数カ月のリサーチを経て、服がどれほど恐ろしいやり方で作られているかについてすべて書いた後でさえ、ただ服の生産を止めればいいというものでもないし、ブランドは絶対になくならないことは、わたしにもわかる。それにブランドになくなってほしいとは思っていない。ブランドは彼らのために働く人々の暮らしをよくする変化を起こす力があるし、わたしたちもその一翼を担うことができる。

変化がどのようにもたらされるのか、さらに知るために、わたしはデザイナーで、インドの工場を部分的に所有して、そこで自分のブランド、ベーノ（behno）のためのアクセサリーを作っているシヴァン・プニャを取材した。彼はアパレルでキャリアをスタートさせ、その後、天然の染料で染めた革をつかって、高級なバッグを作るブランドで働いた。東南アジアにルーツを持ち、北カリフォルニアで育ったプニャは、自社の服が作られている場所では、自分たちは常にアウトサイダーだと自覚するのが大事だと語った。ブランドには、それぞれの土地の縫製労働者のニーズは把握できない。一口に労働者といっても、国や地域によって、生活様式や背景は違っている。それが、彼が労働者ファーストの工場――縫製職人やタグ付け係が、労働環境について、自分たちのことを決める権限を持つポジションにつくことのできる工場――の設立を将来の目標の一つとしてあげる理由だ。ニューヨークのトライアングル・シャツブラウス工場の火災の後に起こった変化も、ごく最近、カリフォルニアで起こった変化も、もっともパワフルな変化は、労働者の訴えに消費者が耳を傾けたときに起こった。今後もわたしたち消費者がブランドに、労働者の声に耳を傾け、よい協力関係を築いていくよう促すべきだ。

プニャが目指しているのは自分の工場を持つことだけではない。彼は労働者に力を与え、既存のシステムを中からより良いものに変えていくことにも取り組んでいる。「ひどい状態の工場を見つけて、方向修正をさせます。なぜならすでにそこで雇われている人たちがいるからです。そこから生活費を得ている労働者がいる以上、工場を解体するより、今あるシステムを変えていくほうが合理的です。工場を運営する人々と連携することで、うまくいくと信じています。変化を起こすためには、組織の中から働きかける必要があるのです」

プニャはわたしに、南インドのバンガローで自分たちが改善に乗り出したある工場について話してくれた。彼によれば、その工場には衛生的な水を提供する水道がなく、労働者は工場に水を持参していた。プニャは工場関係者と協力し、小型のポンプを設置した。また別の工場はあまりにも狭く、機械と機械の間に歩き回れるスペースがなかった。非常事態が起こり、避難が必要になれば、大惨事が起こる可能性がある。機械をいくつか撤去する必要があったが、それは工場の売り上げ減に直結する。減収を補うために、プニャはパートナーと共に、工賃の価格改定の交渉を行った。「時にはささいなことにも取り組みます」プニャは言う。「でも、アメリカで働くわたしたちが、ささいで、ごく当然だと思っていることが、現地の工場では大きな問題である場合も少なくありません」

もちろん、はじめからすべての工場が、自ら進んでベーノのようなブランドと協力関係を結び、搾取や劣悪な労働環境を撲滅しようとするわけではない。大手のブランドが同様の取り組みをはじめるまでは、彼のやり方が大きな変化をもたらすことはないだろう。H＆Mのような大企業から独立系のデザイナーまで、すべての企業が自発的に、あるいは規制によって、労働者の安全のための取り組みに参加する体制を作ることが必要だ。「他のブランドは、わたしが自分たちのビジネスモデルを破壊しようとしていると思っている、確かにそう聞こえるのかもしれません。でも、わたしは誰のやり方も批判しようとは思っていません。ただ自分がやるべきことをやるだけです。わたしのやり方に賛同してくれる人とは一緒に働きたいと思いますが、聞く耳を持たない人とは協力しない。それだけです」

ベーノは小さなブランドだ。影響力はあるが、メジャーなブランドとは、やはり規模が違う。もし大手のブランドが、権力を振り回して、組織の士気を下げ、自分たちが掲げるポリシーとは正反対の行動をするのではなく、組合や労働者たちと密な関係を築いていくことができれば、世界中の女性たちの労働環境は大きく変わるだろう。

その闘いが困難なものであることは、誰の目にも明らかだ。解決への道にはさまざまな紆余曲折があるかもしれない。時には目的地を見失ったり、レンガの壁に突き当たって、立ち往生することもあるだろう。だがきっと、その先にはファッション業界のより良い未来への道があるはずだ。労働者が自分たちのために闘い続け、消費者も関心を持ち続ければ、労働者に背を向け続けてきたファッション業界のシステムも、いずれは崩壊するだろう。

問題を明らかにし、事実について語ろうとする人を後押しする力がある。労働者を搾取し続ける決定をする人がいる。ファッション界において、ブランドの創立者をあがめるのではなく、自分のビジネスについて説明の義務を負わせることが必要だ。例えばファッションノヴァのリチャード・サギアンに関して検索をすると、最初に出てくるのは、彼を〈謎天才(エニグマ)〉と褒めたたえる記事だ。だが、天才と誉めそやされた彼のビジネスモデルを支えるのは、最低賃金以下で働いている女性たちだ。H&Mの後継者で、現在はCEOのカール・ヨハン・パーソンは、サギアンをサプライチェーンにおける賃金問題を変えた〈サステナビリティのリーダー〉であり〈チャンピオン〉と呼んだ。これらの表現は正確なのだろうか？　あるいは巧みなPR戦略の成果だろうか？　もしかしたら、サギアンはチャンピオンかもしれない、少なくとも賃金問題については働きかけを行っているように見える。だがはっきりと変化が起こるまでは、本当のところはわからない。彼の言葉に振り回されるのではなく、実際に彼が何をしたのかについて考えるべきだ。

ファッションの核となるのは、コミュニティと手仕事だ。だが、大企業の参入を許したことで、その核がわたしたちから奪われてしまった。トレンドはインフルエンサーやSNSのリールによって、ひっきりなしに再生され、ファストファッションが瞬時に帰属意識を与えてくれる。同じものを買えば、コミュニティの一員になれると思わせて、わたしたちの絆の概念を歪めた。もしわたしたちが慎重に考えて、彼らに主導権を渡さなければ、どうなっていただろう？

わたしの家の近所には、紳士ものの服を売る店がある。そこで何かを買うことはないけれど、時々、店の様子が見たくて立ち寄る。少々男らしさを前面に出しすぎている気がするけれど、店構えはいたって普通で、そこに並ぶメイド・イン・USAの服は〝おじいちゃん自慢の一着〟といった趣だ。だが、この本を書き上げた平日のある日、久しぶりに訪れたわたしは、店がその界隈にあまりにしっくり馴染んでいることに、あらためて新鮮な驚きを覚えた。商品のすべてがニューヨークで作られたものではない。なかにはオレゴンのポートランドのメーカーのものもある。だが、いずれもまさに店にふさわしい品ぞろえで、オーナーの買い付けのセンスがうかがえる。とびきり洗練されているわけじゃないけれど、いかにもアメリカらしく、トラディショナルで質のいい服、それを買った人は大切に着て、何度も裾やステッチのほつれを直してもらうために店を訪れるだろう。問題は値段だ。さりげなく値札を見ると、けっして気軽に手が出せる値段ではない。けれど、どれもきっと長く愛せる一着になるはずだ。そしてそれこそが、大量生産のブランドがわたしたちから奪ったものであることに気づいて、わたしは愕然とした。彼らは服から愛を奪った。生地やデザイナーに関する物語から愛を奪った。そしてあろうことか、服を作ることからも愛を奪ったのだ。

そしてわたし自身もまた、ジャーナリストとして、自分がファッションを愛するようになったきっかけをくれたデザイナーやスタイリストについての記事を書けなくなっていた。今、フルタイムでエディターの仕事に従事する人は、もはやごくまれだ。企業の資本と欲が健全なシステムを崩壊させ、市場でやりたい放題だ。そしてわたしたちはいつも、彼らの数歩後を追いかけている。

インドネシアでバティックを作るのは、技術と人々の歴史を継承する作業であるべきだ。だが、今、それは作業を行う人の健康を害するものになっている。しかも彼らの洗練された技術にはほんの数ペニーしか払われない。一枚のバティックを手に入れるのは、芸術品を手に入れるようなものだ。カートにぽいっと投げ入れて、その後はすっかり忘れてしまうようなものではない。わたしたちは彼らの仕事の価値を知り、その布を染め、縫った人たちのことについて語るべきだ。そして職人たちは正当な対価を支払われるべきだ。でも今のところ、まだそのどれも実現できていない。

ファッション業界で働くほとんどの人は仕事をやめることはできない。縫製の仕事は、何十万の人々の生活を支えていて、多くの場所で、彼女らが見つけられるもっともましな仕事だ。それに、ただ服の生産をすべて止めるだけでは変化はもたらされない。世界のＧＤＰの二％にあたる服の生産を止められないとしたら、何ができるだろう？

少し服を買う回数を減らすとか、リサイクルの服に切り替えるとか、ＳＮＳがおすすめするような方法は問題解決の出発点にはなる。だがこの動きが広がっても、いずれはもっと便利な転売アプリが開発され、人々はそのアプリを使って、さらに早く（ファスト）服を探すだけだ。事実、そうなりつつある。またわたしたちが互いを非難しあうことでも問題は解決しない。そうなればブランドは大量の服を作り、低賃金で労働者を働かせながら、わたしたちが責任を押しつけあう姿を高みから見物するだけだろう。

変化の第一歩は、ファッションが放つ輝きを拭い去り、業界で働く人々が果たしている役割を見つめることだ。わたしもきらびやかなファッションショーが大好きだ。だが、もうその輝きをファッション業界の真実から目をそらすことに使いたくはない。わたしたちが注目すべきは、そこで働くすべての労働者だ。例えばレストランで料理を食べるとき、手間をかけ、特別なその一皿を作ってくれた人について考えるように、自分が着ている服を作った人の人となりに思いを馳せてみてほしい。

去年の夏の午後、縫製労働者センターで会ったサンタ・プアックの話に戻ろう。「わたしたちの話はすべて本当に起こったこと」。サンタはテーブルに身を乗り出すようにして言った。「もちろん本当のことだ」、わたしは思った。だが、当時は、それこそがまさに問題の根幹だとは気づいていなかった。彼女の話を嘘だと思う人はいないだろう、だが、それを聞かなかったことにしたい人は多い。そのほうが自分にとっては都合がいいからだ。そしてブランドはそれを利用している。

まずは自分が読んだものが真実で、関心を向ける価値のあるものだと認識することが大事だ。ハラスメント、貧困、搾取、熟練した技術で生活を支えようとする人々に打撃を与える苦難は現実のものだ。わたしたちは彼らの経験に耳を傾ける必要がある。そして例えば、SB－62ができたときと同じように、労働者が政府と連携して法案を作る、あるいは組合とブランドが法的な効力のある同意を結ぶなど、労働者が問題解決に必要だと考える案を提示したときには、彼らを支援していこう。それが彼らに前に進む力を与える。

ブランドが自ら時間をかけて、彼らのサプライチェーンの工場の労働者の事情やニーズについて話をきくことはほとんどない。それどころかその土地の言葉を話し、地域のことをよくわかっている誰かを雇うこともしない。プニャは自分のブランドでは、各工場の労働者のニーズを最優先に考えると語った。例えば、インドの南部では工場で働いている女性が多いのに対して、北部では男性の数が圧倒的に多い。基準は同じでも、それぞれに重視しなくてはならない点は違う、と。問題はジェンダーによる差別のときもあれば、賃金の安さ、あるいは設備の安全性のときもある。

インドネシアのデニカ・フレッシュは〈正しいこと〉をしようと行動しているブランドも含めたすべてのブランドについて、プニャの思いを自分なりの言葉で繰り返した。「言語は本当に重要です。同じ言語をしゃべらない場合、問題が何であるかを理解するのはむずかしいでしょう。外国人はいい意図を持ってやってくるかもしれない。けれど言語の壁があれば、それが本当に地域の人々のためになっているのかを、お互いに確かめる術もありません」。重要なのは、自分が必要だと考える基準を押しつける植民地時代のやり方を繰り返すのではなく、彼らの言語を理解し、働きやすさに配慮して、労働者ファーストの労働環境を作ることだ。

ファッション業界が一夜で変わることはない。わたしたちにはこの先歩んでいかねばならない長く困難な道がある。そうしたところで、すでに傷つけられた人たちに正義をもたらすことはできない。だがわたしたちがどのようにここまでたどり着いたのか、どうやってこのシステムの一部になったかという過去だけにとらわれず、これからどうするべきかに目を向けていくことが必要だ。ちょうどわたしがこの本を書き上げたのと同じ頃、カーステン・ギリブランド上院議員のオフィスでは草案が書き上げられた。それはＦＡＢＲＩＣ（ファッションに関する説明責任および真の制度改革の構築）法と名付けられ、ＳＢ－62を連邦法にしようとするものだ。この法案が議会を通過すれば、アメリカ国内で生産をするブランドは税金の優遇措置が受けられる。また工場を労働者にとって安全な場所にしたいと願うデザイナーには補助金が与えられ、また労働者が、自らの権利が侵害されたときには報告できる制度が設けられる。忘れてはならないのは、いつだって、これらが実現する可能性があったということだ。一般の消費者には法律は作れないし、アメリカの縫製業を発展させるために優遇措置を与えることもできないというのは言い訳にならない。労働者が沈黙せず、わたしたちが皆、彼らを支援すれば、変化は起きる。そして個々の人々の行動の変化だけでは業界を健全な方向に導くことは無理でも、法案の後押しがあれば、わたしたちは他にもさまざまな形で行動を起こすことができる。例えばこの法律に賛成するよう議員に陳情することもできる。デモをすることもできるし、労働者の声を企業や政府に届けることができる。自分たちの思いが届くまで、声を上げ続けよう。

ファッションを役に立たない人生のお飾りだと考えるのを止める必要がある。そういった考え方は、女性の労働や女性の利益についての性差別のイデオロギーに根差している。ファッションにはパワーがある。世界中の女性たちが、ファッションで生計を立て、文化をはぐくんでいる。ファッションを諦めることはない。むしろその反対だ。ファッションを愛する人間として、より良い消費者であり、活動家であることを心がけよう。服を買う前に、その服を作ったブランドが、我々にどんな約束をしているのかを調べてほしい。どこにも表示がなければ、そのブランドは何もしていない可能性が高い。それなら一歩踏み込んで、彼らになぜ約束をしないのか、質問をしてほしい。そして自分の価値観と合うブランドを見つけたら、言葉による約束だけではなく、それが本当に行動を伴ったものなのか見届けてほしい。そこには、どこで彼らが素材を調達するのか、そして労働者たちから感謝されているのかといったデータも含まれる。そして何より大事なのは、ブランドに自分たちのビジネスについて説明をさせるための法整備を支援していくことだ。

わたしと話してから数週間後、サンタは新しい仕事についた。そして今もなお、ロサンゼルスの縫製労働者に二度と自分と同じ苦労を味わわせないために闘っている。彼女の三人の子どもたち（一番年下はまだ一歳だ）は、ファッション業界の最前線で今まさに起こりつつある変化——それが起こったのは、母親であるサンタが、結果を恐れず、自分の経験を語ったからだ——を目の当たりにし、今後もその成り行きを見守っていくことになるだろう。

サンタのような労働者の声が、今後、ファッション界が目指すべき方向を示す道標にならないなら、いったい何が道標になるというのだろう？

謝辞

最初に、この本のためにインタビューを受けてくださったすべての方々に感謝を申し上げます。近年のパンデミックの中にもかかわらず、インタビューのために時間を割き、物語をシェアしてくださったことは感謝の念に堪えません。サンタ、マリア、ロレーナ、イヴ・リンナ、そしてエルバは労働者のために立ち上がり、仲間の存在を見えるものとし、彼らの声をわたしたちに届けてくれました。また世界中で働く、数千万人の縫製労働者の皆さん、皆さんの一人一人にも心からの感謝を。あなた方がいなければ、ファッション業界は成り立ちません。また縫製労働者センターの方々にも感謝を捧げます。とくにマリッサとリズ、二人は多くのインタビューの機会を取り持ってくれました。ファッション業界について、良いことも悪いことも含めて、すべてを語ってくれた、デザイナーのマーラとシヴァンに感謝を贈ります。おかげで、なぜこの問題がこれほどまでに根深いのかを、より深く理解することができました。そして勇気をふるい、自らの経験について教えてくれたマディソン、ラ・ショーナ、セル、ヴィクター、デニカ、ジュハル、レベッカをはじめとする、活動家や研究者の皆さんにも、活動の内容とそこにかける情熱をシェアしてくれたことに、感謝を贈ります。皆さんの話は、わたしたちがこれからどのように変化を起こしていくべきかについての道標となることでしょう。

この本の出版について、尽力してくれた仲間へも大きな感謝を贈ります。とくに編集者のレイチェル・ヴェガ・ディカサーリオ、彼女がこの本の一ページ一ページに注いでくれた情熱と忍耐には感謝しかありません。またエージェントのニッキー・リッチェシンは、執筆当初から、本書を出版する意義を理解し、折に触れてわたしを励ましてくれました。すべてのインタビューを書き起こし、翻訳してくれたマイケル・デル・レイにも感謝を捧げます。

母のデニースはわたしの一番のチアリーダーであり、支援者です。父のジムは、働き者で、どんな仕事でも、すべての労働の尊さをわたしに教えてくれました。やんちゃな末っ子のわたしをいつも見守ってくれる、二人の姉、アンジェリーナとアンドレア、世界に存在する善なるものの存在にいつも気づかせてくれる、甥や姪、モリー、ソーヤー、アビゲイル、エリザそしてステイス、皆にも心からの「ありがとう」を贈ります。

ケイト、ニーナ、ローレン、イザベル、リンジー、タイラー、今日のわたしがあるのは、皆さんのおかげです。この本を執筆している間、常にわたしを導き、共に歩いてくれてありがとう。とくにエディターとして駆け出しの頃からお世話になっているジェシカには特別の感謝を捧げます。ファッション産業の真実を語ってほしいというあなたの励ましがなければ、この本を書き上げることはできなかったと思います。

そして最後に、いつもわたしを愛する夫、マイケルに感謝を捧げます。いつも限りないサポートをありがとう！

訳者あとがき

相山夏奏

本書を手にとってくださった皆さんはきっとファッションに関心がある人たちだろう。わたしも服が大好きで、何を着るかは自分のアイデンティティの一部だと思っている。でも近年はファッションに関して「なんだかなぁ」とモヤッとすることが多くなっていた。例えば一年中ひっきりなしにセールがあって、服を買うタイミングがわからない。ハイブランドのアイコニックなデザインと酷似した靴が、驚くほどの安値で堂々と売られている、などなど。何がどうなっているのかわからないけれど、闇が深そうだ。いったいこれからファッション業界はどうなっていくの？　そんなことを考えていた矢先に本書に出会った。

まずイントロダクションのパンデミックの話に惹きつけられた。当時、イベントは中止、劇場やレストランも休業、もはや服を買っても着ていくところがない。ステイホームで、服を持ちすぎていることに気づいて断捨離をはじめた人もいた。一方、消費者だけでなく、ファッション業界も苦境に陥った。店舗が閉鎖され、工場は衣料品からＰＰＥへと製造を切り替え……そうそう、そうだった。わたしももう服は買うまい、買うとしても本当に必要なもの、長く着続けられるものだけを厳選しようと固く心に誓った。社会の動きがぴたりと止まったあの時期、〈装う〉ことは社会的な行為なのだと実感し、これまでの、そしてこれからのファッションとの向き合い方について考えた。単なる一消費者のわたしでさえそうだったのだから、ファッション業界に身を置く人々にとっては自分の存在意義が問われる苦しい時間、まさにアイデンティティ・クライシスの瞬間だったに違いない。そんな中、ファッション業界の今後について考えた著者はある大きな決断をする。ずっと気になっていたけれど、見ないふりをしてきたファッション業界の〈不都合な事実〉について真正面から書いてみよう、と。だがそれはパンドラの箱を開けることだった。以下、本書の概略を紹介する。

第1章はファッション業界のサイクルと廃棄衣料の関係についてだ。アフリカで積み上がる廃棄衣料の山は、今や世界に知られる大問題だ。その原因の一つとして、ファッションブランドのコレクション（新製品発表）の回数が増え、製造から販売までのサイクルが加速していることがあげられる。結果、ますます多くの廃棄衣料が生み出されることになり、環境にも、社会にも、大きな負荷をもたらして、もっとも弱い立場の人々がしわ寄せを受ける。自分が捨てた服が、世界のどこかで誰かを苦しめている。わたしたちはその事実について考えてみる必要がある。

第2章はアメリカにおける縫製業の実態だ。かつてアメリカには、〈メイド・イン・アメリカ〉のタグは、割高だが健全な環境で作られた良質な商品の証だという幻想があった。ところが実際は、アメリカで働く縫製労働者の大半は中南米からやってきた女性であり、工場は彼女たちの脆弱な立場を利用し、搾取を続けていた。ようやく九〇年代後半にアメリカ国内における搾取工場の実態が知られるようになり、今は法整備も進みつつある。そのきっかけを作ったのは、苦境の中から声を上げ続けた労働者たちだ。タグやブランドの宣伝文句を盲目的に信じるのではなく、労働者の声にもっと耳が傾けてみよう、著者はそう呼びかける。

第3章はファッション界のフェミニズムの話だ。ファッションはときにわたしたちをエンパワーし、社会的なメッセージを表明する手段にもなりえる。例えば二〇一九年のオスカー授賞式では、業界に蔓延するハラスメントに抗議を示すため、女優たちがレッドカーペットをブラックドレスで歩いた。だが彼女たちがまとうブラックドレスを作ったのは、華やかな会場からわずか数キロの所にある搾取工場で働く女性労働者で、その工場に #MeToo の波が到達することはなかった。ファッション業界は女性をエンパワーする一方で、搾取している。わたしたちはこの矛盾に鈍感であってはならない。

これ以降も、第4章ではファッションとインクルーシビティについて、第5章はインフルエンスの功罪、第6章はロゴの魅力とフェイクについて、第7章のテーマはサステナブルとファッション業界の相性、第8章は東南アジアの家内労働における問題、そして第9章で、社会変革をもたらした縫製労働者の歩みなど、いずれの章でも、ファッション業界が内包してきた問題について身近な具体例を取り上げながら、現在に至る経緯、そしてわたしたち消費者には何ができるのかが述べられている。本書を読めば、ラナ・プラザの崩壊、#MeToo など、歴史的にも大きなターニングポイントとなった出来事を中心に、ファッション業界を巡る社会背景や人々の価値観の変化、業界の悪しき慣習など、これまで一つ一つの点に見えていたさまざまな要素が、どうつながって現在のファッション業界ができあがっているのかがわかる。そして何より忘れてはならないのは、わたしたち消費者もまた、その大きな絵の重要な構成要素だということだ。結局のところ、企業はわたしたちが求めるものを作るのだから。

著者は本書を執筆するにあたって、少女の頃から憧れ続けたエディターの職を辞し、華やかなランウェイとは距離を置く決断をした。どこの世界でもそうだが、中から批判的な意見を述べたり、懐疑的な見方を提示するのは簡単ではない。下手をすれば、自分の〈居場所〉を失う可能性さえある。だが、それでも著者が声を上げたのはファッションへの愛ゆえだ。このままでは愛するファッションが真のサステナブルな文化として存続できなくなるのではという危機感が彼女を突き動かした。そう、本書はまさしくファッションに捧げる「ラブストーリー」なのだ。不都合な事実から目をそらさず、「何かがおかしい」と声をあげてくれた著者の気概と勇気、そして行動力に心からの拍手を送りたい。

どうか本書が、読者の皆さんが、これからのファッションとの向き合い方について考える一助となってくれますように。そして工場からランウェイまで、ファッションに関わる場所で働く、すべての人々の幸せな未来につながりますように。

最後になりましたが、すばらしい解説を書いてくださった南出和余先生、つきあわせをしてくださった下田明子さん、力強いメッセージを持ったこの作品を訳すチャンスを与えてくださった明石書店の赤瀬智彦さんに心からの感謝を捧げます。

二〇二三年九月

解題

南出和余

ファッションの楽しみ方

ファストファッション・ブランド店に大量に並べられている、同じデザイン同じ色の服のタグをよく見れば、「バングラデシュ製」「ベトナム製」「中国製」といった製造国の異なる同製品が同じ列に並んでいることに気づく。しかし、消費者がタグで確認するのは、サイズと値段、時に素材、くらいだろう。想像してみてほしい。バングラデシュの、ベトナムの、中国の、どこかの工場で、気候も文化も言葉も異なる人々が、一ミリの狂いも許されない規格品を、遠く離れた海外の消費者のために作っているのだ。あるいはその服を誰が着るのかなど気に留めることもなく、指示された担当箇所を「一枚何秒」と定められたペースでミシン掛けしては次の担当者に流していく。その作業はまさに機械作業だが、毎週新しいデザインを展開するブランドの発注に対応するためにデザインごとに新たな機械など導入してはいられない。柔軟な人間の手先こそが、その目まぐるしい展開に対応できるのだ。消費者の私たちが製造国を気にすることなくレールの中の一枚を手にとって購入するのは、そこに並ぶ「多国籍同製品」のクオリティが完璧に同じであることを約束されているからに他ならない。

私たちの服はいつからこのような規格品だらけになったのだろうか。唯一無二の「一点物」からは程遠い、大量に並べられた同じ製品のうちの一枚を好むようになったのだろうか。衣食住の一要素である衣類は、人間の身体を気候や危険から守るだけでなく、個人のアイデンティティや民族をはじめとする人々の帰属意識、あるいは「ハレとケ」といった状況の意味づけなど、文化的記号として用いられる。わたしという存在は、ある集団に帰属しながらも唯一無二であり、その時の状況や気分で異なる自分を表現する。「浮くのも嫌だが被るのも嫌」という微妙な感覚のもとで、人々はファッションを楽しむ。

おそらくこの感覚は昔も今も大きくは変わらない。変わったのは楽しみ方だ。例えば大学の大教室で学生たちを見渡せば、制服でもない限り、一見すると誰一人としてまったく同じ装いをしている人はいない。たとえ同じジーンズを穿いていても、トップスとの組み合わせやアクセサリーでアレンジがなされ、「被っている」ようには見えない。着回しの効くシンプルな服は自由自在に組み合わせが展開できる便利さがあり、そして数が増えれば増えるほど組み合わせによるオリジナリティを演出できる。高価な一点物より安価な複数の規格品のほうがより自分を演出でき楽しめるというわけだ。けれども、服一枚一枚の着用頻度や愛着は一点物のほうが遥かに大きく、規格品の多くは着古すことのないままクローゼットにしまい込まれて忘れ去られるか、邪魔になって捨てられる。最近では「他の誰かが着てくれるかもしれない（価値が再生されるかもしれない）」とセカンドハンドに売り渡し、ある種の罪悪感を逃れようとする人も多い。そして、この楽しみ方の変革をもたらしているのが、本書が指摘するところのファッション業界の戦略である。

「バングラデシュ製」を作る人々

私がバングラデシュの農村で人類学研究をはじめて、そろそろ四半世紀になる。子ども研究からスタートしたので、調査開始当初に生まれた子どもたちは二〇代半ばとなり、すでに次世代の子どもを育んでいる。私の調査対象者であり友人である「かつての子どもたち」は、一九九〇年代にバングラデシュ農村において初等教育が普及するなかで学校に通い出した「教育第一世代」であった。初等教育や中等教育を修了した彼ら彼女らは、親世代の大半が従事する農業とは異なる雇用機会を求めて都市部へと働きに出ている。その多くが従事しているのがアパレル産業である。

バングラデシュでは一九七一年独立後まもなくの一九七〇年代半ばには、韓国企業の支援によって輸出型既製衣料品生産が開始され、一九九〇年代にはジュート（黄麻）生産に替わる国家の一大輸出産業となった。二〇〇〇年代に入ると、グローバル経済下で多国籍企業が豊富で安価な労働力を求めてバングラデシュに押し寄せた。とくに世界的不況のなかで大量生産大量消費型のファストファッション・ブランドが人気を集めると、中国の労働賃金上昇も重なって、バングラデシュがアパレル産業における「ネクストチャイナ」に位置づけられた。バングラデシュ国内ではそうしたアパレル工場が、農村から都市へ労働移動する「教育第一世代」の若者たちの雇用の受け皿となった。けれども多国籍企業の大半は自社工場を持たず、現地企業との合弁もしくは現地企業への発注というかたちで生産ラインを確保し、そこで働く労働者に対してはなんら直接の責任を負わない。完全輸出依存型の現地企業は発注元の多国籍企業の言いなりで、安価さを売りにしなければ他企業どころか他国に仕事を取られてしまう。そこでの労働環境、労働条件は賃金水準はじめ、けっして歓迎されたものではない。

二〇二三年現在のバングラデシュでの月額最低賃金は八〇〇〇タカ（≒一万八〇〇〇円）で、通常、週六日×八時間（月二〇八時間）労働なので、時給にするとわずか五二円である。アパレル工場で働く若者たちの多くはこの最低賃金前後で働いている。それでも彼ら彼女らは、他に選択肢のないなかでそこでの労働に従事し、少ない収入のなかからも農村で暮らす家族のために仕送りをする。都市での生活はそれだけでもコストがかかるが、単身者は仲間と共同生活をし、家族を伴って生活する者も借家長屋の一部屋に家族全員で生活するなど、ごく切り詰めた生活をしている。彼ら彼女らの将来設計は都市部にはなく、切り詰めてセーブしたお金を故郷の農村に貯蓄する。それは彼ら彼女らのアイデンティティが農村にあるからというだけでなく、グローバルビジネスの根底を支えているのが彼ら彼女らの労働力であるにもかかわらず、グローバルビジネスに支えられた都市における社会経済構造の将来像に、彼ら彼女ら労働者が組み込まれていないからだろう。

バングラデシュの縫製工場で働いている女性たちを見ていてもう一つ気づくことがある。それは、彼女たちがそこで作っている類の服を、彼女たち自身はまったく着ていないということだ。バングラデシュの女性たちは通常サルワル・カミーズと呼ばれる民族衣装かサリーを着ている。縫製工場で働く女性たちもサルワル・カミーズを着ているのが一般的だ。サルワル・カミーズとは、両横にスリットの入ったワンピース（カミーズ）の下にズボン（サルワル）を穿いて、肩からは上半身のボディラインを隠すように長いショール〈オールナ〉をかける三ピーススタイルである。女性たちはそれを家で自分で縫うか、布を買って仕立て屋に持っていって自分のサイズに縫ってもらう。型はシンプルで襟元のデザインが少し異なるぐらいだが、刺繍を施したりスパンコールやミラーワークを付けたりして楽しむ。布の色や模様をとっても一人として同じ服を着ている女性はいない。

縫製工場で働く彼女たちは一日に一〇〇〇枚を超える同じ色デザインのTシャツを息つくまもなく縫い続けるが、その製品は彼女たちが身にまとっている服とはまったくの無縁で、彼女たちの興味にも入らない。冒頭で述べたように、彼女たちの大半は今自分が縫っている服をどこの誰がどのように着るのかを想像することもなく、ただ仕事として製品を作っているだけなのだ。本書の第2章で筆者が取材をしている〈メイド・イン・アメリカ〉を支える移民労働者たちは、少なくともその製品がアメリカ国内のどこかで売られていて、道ですれ違う人が着ているかもしれない。バングラデシュの労働者たちにとっては、自らの労働が自社会で消費されるモノにもつながっていないのである。

「服への愛」

大量生産型ファストファッションの発展途上国における生産労働の問題が明らかになっても、「どんなに劣悪な労働環境でも労働者にとってはそれが他に選択肢のないなかでの唯一の労働機会である」というロジックによって、消費者は「不買行動は生産者のためにならない」と言って消費行動を止めることを避ける。そこに大企業が「サステナブル」や「エシカル」という概念を用いて生産プロセスの改善を言及すれば、消費者は安心して依存し、さらに消費行動を増す。しかし考えてほしい。労働者の賃金を含む労働環境が改善されたならば、どうして商品の値段はそれほど上がっていないのか。そのブランドが「エシカル」にするためにどのような改善策をとったのか。労働賃金を上げたならば、そのしわ寄せが別の誰かに行ってはいないか。

本書でも出てきたように、バングラデシュでは二〇一三年のラナ・プラザ崩壊事故以降、アパレル産業の問題が明るみに出て労働者運動がさかんになり、また多国籍企業との間のコンプライアンスも強化されて、工場の環境はいくらか改善された。グリーンファクトリーと呼ばれる環境に配慮した工場も増えた。けれどもそうした工場でとられた策は、機械化と労働者の作業負担増による労働者数の大幅削減である。それによって多くの労働者が失業し、失業者の一部は海外の縫製工場での仕事に従事している。海外での移民としての労働者には労働運動の権利もサポートもない。ヨルダンではこうした南アジアからの労働移民が労働者の大半を占める縫製工場が増えているのも現実である。

本書で筆者は、こうした「グリーン」や「エシカル」、「サステナブル」といった概念も、多様性を装った「インクルーシブ」も、企業にとっては第一義的にはブランディング戦略にすぎないことを指摘する。エシカルファッションやサステナブルファッションに一抹の光を見ていた読者は、本書を読み進める折々に「じゃあどうすればいいのか」とある種ガッカリしたのではないだろうか。現実をただ知るだけの辛さ、これまで楽しんでいたファッションに陰りをもたらす罪悪感、これらにジレンマを感じ、たとえ無責任でも「知らなければよかった」と思うかもしれない。しかし、本書で筆者が述べているのは、私たち消費者も被害者だということだ。「大量生産のブランドがわたしたちから奪ったもの……彼らは服から愛を奪った。生地やデザイナーに関する物語から愛を奪った。そしてあろうことか、服を作ることからも愛を奪ったのだ」（二〇一頁）と述べている。

私は趣味で自分で服を作ることもあり、バングラデシュの女性たちが家で自分の着るサルワル・カミーズを作る場面に便乗して一緒に作ったり、刺繍を教えてもらったりするのがとても楽しい。彼女たちの着る一枚として同じ色デザインのない一張羅のサリーはその人のアイデンティティとなり、サリーは着古したら重ねて刺し子を施しブランケットやベッドカバーとしても使う。生地が衣装になる過程、その衣装を着て過ごした日々の思い出、さらに衣装がブランケットなど他のモノに生まれ変わって生活のなかに存在する姿、そのすべてを楽しむことができる彼女たちの「服への愛」は、山積みにされる一〇〇〇枚のTシャツと無縁であって然りといえよう。私たちの服を作っている途上国の労働者たちを想像するとは、ただ彼女たちが搾取され苦しんでいる姿を思うだけではないはずだ。彼女たちにも将来を展望する人生があり、そして彼女たちなりのファッションを楽しんでいることを想像してほしい。

私たちは本当に服を楽しんでいるだろうか、自分のものにできているだろうか。時間に追われるなかで「企業にとって都合のよい消費者」にされてはいないだろうか。ファッション業界を知り尽くした筆者が自らの経験を振り返りながら投げかけているメッセージは、私たち自身の価値の転換であり、「服を愛する」ということのように思う。

5

Sydney H. Schanberg, "Six Cents an Hour," *Life*, March 28, 1996.

Ballinger, Jeffrey. "The New Free-Trade Heel." Harper's, August 1992. http://archive.harpers.org/1992/08/pdf/HarpersMagazine-1992-08-0000971

Simon Zadek, "The Path to Corporate Responsibility," *Harvard Business Review*, December 2004, hbr.org/2004/12/the-path-to-corporate-responsibility.

Ira Berkow, "Sports of the Times; Jordan's Bunker View on Sneaker Factories," *New York Times*, July 12, 1996.

Nike, *1998 Annual Report*, s1.q4cdn.com/806093406/files/doc_financ ials/1998/man_dis_any.html.

Vicky Xiuzhong Xu and James Leibold, "Your Nikes Might Be Made from Forced Labor. Here's Why," *Washington Post*, March 17, 2020.

6

Roberto Saviano, *Gomorrah: Italy's Other Mafia* (New York: Farrar, Straus and Giroux, 2006).

The United States Attorney's Office Eastern District of New York, "Four Defendants Arrested in Multimillion-Dollar Counterfeit Goods Trafficking Scheme," August 12, 2021, www.justice.gov/usao-edny/pr/four-defendants-arrested-multimillion-dollar-counterfeit-goods-trafficking-scheme.

David Marchese, "Dapper Dan on Creating Style, Logomania and Working with Gucci," *New York Times*, July 1, 2019.

Rob Haskell, "Can Gisele Save the Planet?" *Vogue*, June 14, 2018, www.vogue.com/article/gisele-bundchen-vogue-cover-july-2018-issue.

7

H&M, *H&M Conscious Actions Highlights 2012*, about.hm.com/content/dam/hm/about/documents/en/CSR/reports/Conscious%20Actions%20 Highlights%202012_en.pdf.

Lucy Siegle, "Is H&M the New Home of Ethical Fashion?" *The Guardian*, April 7, 2012.

Elizabeth Patton and Sapna Maheshwari, "H&M's Different Kind of Clickbait," *New York Times*, December 18, 2019.

9

Russell Goldman, "Myanmar's Coup, Explained," *New York Times*, February 1, 2021.

Michael Haack and Nadi Hlaing, "In the Face of Massacres, Workers in Myanmar Are Still Fighting the Coup," *Jacobin*, April 13, 2021, www.jacobinmag.com/2021/04/myanmar-military-coup-massacre-workers-hlaing-tharyar.

Center for Human Rights in Iran, "Mother of Jailed Anti-Compulsory Hijab Activist Calls for Legal Reform," June 5, 2020, iranhumanrights.org/2020/06/mother-of-jailed-anti-compulsory-hijab-activist-calls-for-legal-reform.

Human Rights Watch, "'Break Their Lineage, Break Their Roots': China's Crimes Against Humanity Targeting Uyghurs and Other Turkic Muslims," April 19, 2021, www.hrw.org/report/2021/04/19/break-their-lineage-break-their-roots/chinas-crimes-against-humanity-targeting.

Helen Davidson, "Xinjiang: More Than Half a Million Forced to Pick Cotton, Report Suggests," *The Guardian*, December 15, 2020.

註

1

Tara John, "How the US and Rwanda Have Fallen Out over Second-Hand Clothes," BBC, May 28, 2018.

Abigail Beall, "Why Clothes Are So Hard to Recycle," BBC, July 12, 2020.

James Laver, *Costume and Fashion: A Concise History* (London: Thames & Hudson, 1969).

Salman Rushdie, *The Wizard of Oz* (London: Bloomsbury Publishing, 2012).

Stephen Burgen, "Fashion Chain Zara Helps Inditex Lift First Quarter Profits by 30%," *The Guardian*, August 17, 2012.

ThredUP and GlobalData, *ThredUP 2021 Resale Report*, thredup.com/resale.

2

Susan Shillinglaw, "75 Years After 'The Grapes of Wrath,' We Need Ma Joad in the White House," *Washington Post*, April 18, 2014.

Erin Blakemore, "20th-Century Slavery Was Hiding in Plain Sight," *Smithsonian Magazine*, July 31, 2020, www.smithsonianmag.com/smithsonian-institution/20th-century-slavery-california-sweatshop-was-hiding-plain-sight-180975441.

Richard Appelbaum and Edna Bonacich, *Behind the Label: Inequality in the Los Angeles Apparel Industry* (Berkeley: University of California Press, 2000).

Steven Greenhouse, "Sweatshop Raids Cast Doubt on an Effort by Garment Makers to Police the Factories," *New York Times*, July 18, 1997.

Richard Harrington, "Rage Before Beauty," *Washington Post*, November 21, 1999.

3

Booth Moore, "Harvey Weinstein Puts Wife's Marchesa Fashion Brand in Tough Spot," *Hollywood Reporter*, October 9, 2017, www.hollywoodreporter.com/movies/movie-news/harvey-weinstein-puts-marchesa-fashion-brand-tough-spot-1046926.

Annie Kelly, "Worker at H&M Supply Factory Was Killed After Months of Harassment, Claims Family," *The Guardian*, February 1, 2021.

Prajwal Bhat, "B'luru Garment Workers Accuse Manager of Sexually Harassing Colleague, Case Booked," *The News Minute*, March 16, 2019, www.thenewsminute.com/article/b-luru-garment-workers-accuse-manager-sexually-harassing-colleague-case-booked-98410.

Louise Donovan and Refiloe Makhaba Nkune, "Exclusive: Workers in Factory That Makes Kate Hudson's Fabletics Activewear Allege Rampant Sexual and Physical Abuse," *Time*, May 5, 2021 (updated June 10, 2021), time.com/5959197/fabletics-factory-abuse-allegations.

4

Becky Johnson, "How Workers in Leicester's Textile Industry Are Still Being Exploited," *Sky News*, July 30, 2021, news.sky.com/story/how-workers-in-leicesters-textile-industry-are-still-being-exploited-12364671.

【著者】

アリッサ・ハーディ（Alyssa Hardy）

『ティーンヴォーグ』のエディター、『インスタイル』のシニアエディターなどを経て、現在はニュースレター『The stuff』の発行人。縫製労働者の権利やファッション業界の環境への負荷といった問題に強い関心を寄せ、精力的に情報発信を行っている。ニューヨーク在住。

【訳者】

相山夏奏（あいやま かなで）

字幕翻訳を経て、現在はYAやロマンスを中心に書籍の翻訳を手掛ける。訳書にコリーン・フーヴァー『イット・エンズ・ウィズ・アス』（二見書房、2023年）など多数。

【解題】

南出和余（みなみで かずよ）

神戸女学院大学文学部准教授。文化人類学、バングラデシュ地域研究。共著に『クリティカル・ワードファッションスタディーズ――私と社会と衣服の関係』（フィルムアート社、2022年）、共訳書に『インド地方都市における教育と階級の再生産――高学歴失業青年のエスノグラフィー』（明石書店、2014年）、単著に『「子ども域」の人類学――バングラデシュ農村社会の子どもたち』（昭和堂、2014年）など。

ブランド幻想——ファッション業界、光と闇のあいだから

2023年12月15日　初版第1刷発行

著　者——アリッサ・ハーディ
訳　者——相山夏奏
解　題——南出和余
発行者——大江道雅
発行所——株式会社 明石書店
101-0021 東京都千代田区外神田 6-9-5
電話 03-5818-1171
FAX 03-5818-1174
振替 00100-7-24505
https://www.akashi.co.jp
装　丁——間村俊一
印刷／製本—モリモト印刷株式会社
ISBN 978-4-7503-5667-9
(定価はカバーに表示してあります)

アメリカの歴史を知るための65章【第4版】
エリア・スタディーズ 10 富田虎男、鵜月裕典、佐藤円編著 ◎2000円

バングラデシュを知るための66章【第3版】
エリア・スタディーズ 32 大橋正明、村山真弓、日下部尚徳、安達淳哉編著 ◎2000円

インドを旅する55章
エリア・スタディーズ 183 宮本久義、小西公大編著 ◎2000円

現代インドネシアを知るための60章
エリア・スタディーズ 113 村井吉敬、佐伯奈津子、間瀬朋子編著 ◎2000円

人種・ジェンダーからみるアメリカ史
丘の上の超大国の500年 宮津多美子著 ◎2500円

辺境の国アメリカを旅する 絶望と希望の大地へ
鈴木晶子著 ◎1800円

「BTS学」への招待
大学生と考えるBTSシンドローム
北九州市立大学 李東俊ゼミナール編著 ◎2400円

14歳からのSDGs あなたが創る未来の地球
水野谷優編著 國井修、井本直歩子、林佐和美、加藤正寛、高木超著 ◎2000円

ダーリンはネトウヨ 韓国人留学生の私が日本人とつきあったら
クー・ジャイン著・訳 金みんじょん訳 Moment Joon 解説 ◎1300円

「国際セクシュアリティ教育ガイダンス」活用ガイド
包括的性教育を教育・福祉・医療・保健の現場で実践するために
浅井春夫、谷村久美子、村末勇介、渡邉安衣子編著 ◎2600円

フェミニスト男子の育て方
ジェンダー、同意、共感について伝えよう
ボビー・ウェグナー著 上田勢子訳 ◎2000円

ダイエットはやめた 私らしさを守るための決意
パク・イスル著 梁善実訳 ◎1500円

フェミニズムズ グローバル・ヒストリー
ルーシー・デラップ著 幾島幸子訳
井野瀬久美惠解題 田中雅子翻訳協力 ◎3500円

ハロー・ガールズ アメリカ初の女性兵士となった電話交換手たち
エリザベス・コッブス著 石井香江監修 綿谷志穂訳 ◎3800円

女性の世界地図 女たちの経験・現在地・これから
ジョニー・シーガー著
中澤高志、大城直樹、荒又美陽、中川秀一、三浦尚子訳 ◎3200円

トランスジェンダー問題 議論は正義のために
ショーン・フェイ著 高井ゆと里訳 清水晶子解説 ◎2000円

〈価格は本体価格です〉